汉译世界学术名著丛书

# 人类生态学

## ——可持续发展的基本概念

〔英〕杰拉尔德·G. 马尔腾 著

顾朝林 等译

*Gerald G. Marten*

**Human Ecology**

**Basic Concepts for Sustainable Development**



（中文版经作者授权，根据地球瞭望出版社 2001 年平装本译出）

# 汉译世界学术名著丛书
## 出 版 说 明

我馆历来重视移译世界各国学术名著。从20世纪50年代起，更致力于翻译出版马克思主义诞生以前的古典学术著作，同时适当介绍当代具有定评的各派代表作品。我们确信只有用人类创造的全部知识财富来丰富自己的头脑，才能够建成现代化的社会主义社会。这些书籍所蕴藏的思想财富和学术价值，为学人所熟悉，毋需赘述。这些译本过去以单行本印行，难见系统，汇编为丛书，才能相得益彰，蔚为大观，既便于研读查考，又利于文化积累。为此，我们从1981年着手分辑刊行，至2018年年底已先后分十七辑印行名著750种。现继续编印第十八辑，到2019年年底出版至800种。今后在积累单本著作的基础上仍将陆续以名著版印行。希望海内外读书界、著译界给我们批评、建议，帮助我们把这套丛书出得更好。

商务印书馆编辑部

2019年7月

# 内 容 简 介

人类正面临气候变化和生态系统衰退的挑战。应对这些挑战需要发展与之相对应的科学理论和方法。《人类生态学——可持续发展的基本概念》就是让人类生态学成为每一个人都可以理解并付诸行动的教科书。全书系统地介绍了人类生态学的基本概念和原理，例如生物群落和反馈系统、人口爆炸、复杂适应性系统与自组织、生态系统设计、生态系统演替规律、人类社会系统与自然生态系统相互作用、生态系统的服务功能、可持续的人类社会系统等，可作为政府决策者、科学工作者、大专院校师生学习研究，以及中学生提高整体科学素质、探索可持续发展之路的基础教材。

# 译　序

进入21世纪，无论是科学家、政治家，还是企业家、社会大众，都将目光聚焦到全球气候变化和中国城市化这两个议题上。中国能否保持稳定的经济增长，完成由农业国家向工业化、城市化国家的快速转型，除了国内自身的发展因素外，最近已经越来越与全球气候变化的议题相交织。首先，全球气候变化已经成为环境政治和环境"世界主义"的武器。欧洲人通过建构全球气候变暖与全人类毁灭之间的科学联系，再通过建构出人类活动与气候变暖之间的科学关系，将二氧化碳排放导致的气候变暖置于人类活动与人类毁灭之间的中介环节之上，给后发优势国家制造发展障碍。其次，中国正是这样一个快速发展中的后发优势国家。改革开放30年来，中国的经济总量(GDP)已经从1978年的3 624.1亿元上升到2009年的335 353亿元；城市人口从1.72亿增加到5.93亿；城市化水平也从17.92%增加到46.6%。中国正在进入工业化、城市化快速发展阶段。快速的经济发展和城市化过程，必然导致能源消费和二氧化碳排放总量增加。在2002—2007年，中国的二氧化碳排放量翻了一番。2008年二氧化碳排放量超过美国，成为全球最大的二氧化碳排放国家。也正因如此，中国的二氧化碳排放量和中国的快速发展忽然间成了"鱼与熊掌不可兼得"的两难局面。在2009年12月的哥本哈根会议上，中国宣布将力争2020年单位GDP的二氧化碳排放强度在2005年基础上降低40%—45%。如何通过技术、政策走可持续发展的道路，是我国面临的重要挑战。要破解“鱼与熊掌不可兼得”的两难处境，基于全球变化的可持续发展理论研究也就成为关键的科学问题之一。

全球气候变化对人类社会必然会产生一系列的影响，在水、生态系统、粮食、海岸带、健康、特殊事件等方面，需要人类社会采取适应性方法去应对挑战。与此同时，对于有些问题和挑战，需要当然也可以通过人类自身的努力，保持生态系统的稳定性，以达到减缓对人类社会影响的目的。杰拉尔德·G. 马尔腾博士的《人类生态学——可持续发展的基本概念》就是让人类正确认识人类社会与自然生态系统相互影响基本规律的著作，所论述的人类生态学基本概念和原理，例如生物群落和反馈系统、人口爆炸、复杂适应性系统与自组织、生态系统设计、生态系统演替规律、人类社会系统与自然生态系统相互作用、生态系统的服务功能、可持续的人类社会系统等，可以成为我们每一个人都能够理解并付诸行动的科学典籍。

2010年3月，我参加在巴西里约热内卢召开的联合国人居署第四届世界城市论坛，会间看到了马尔腾博士的这本书，我几乎在很短的时间内读完并发现它的学术价值，在艰难挑选可能带回的书籍时，我将它放在最重要的位置，不远万里带回北京。令我欣慰的是，我的研究生几乎都是“80后”的年轻一代，袁晓辉、刘海静、王春丽、张天尧、马婷、安功、郭婧、张晓明、王小丹、韩青，他们满怀热情、积极认真地投入本书的翻译，我的孩子顾江尽管面临大学毕业和出国留学考试，也自告奋勇投入翻译的过程中。他们对人与环境状况的忧虑而激发的工作热情和敬业精神，让我读懂了新一代人的期望和能力，也让我看到了不远的将来人类社会与自然生态系统能够或可以和谐共存的美好前景。这也许正是马尔腾博士写这本书的愿景所在。

中国的城市化进程正在加快，中国快速发展的步伐还不会停止，中国作为一个负重要责任的大国，需要在面临人类共同的生态环境危机时，找到理想的可持续发展之路。无疑，马尔腾博士的这本《人类生态学——可持续发展的基本概念》在中国的出版将具有非常重要的学术价值和社会意义。

本书由袁晓辉、刘海静、王春丽、张天尧、马婷、安功、郭婧、张晓明、王小丹、韩青、顾江翻译，顾朝林和上述译者第二次互校，袁晓辉第三次全书统校，最后顾朝林进行了第四次统校和文字编辑。本书的出版需要特别感谢商务印书馆的李平先生、田文祝先生和孟锴女士，感谢他们的大力支持和鼓励。

顾朝林

2010年12月12日于清华园

# 序　言

生态可持续发展已引起普遍关注。这一挑战值得我们重视并采取行动。致力于促进可持续发展的努力在各个前沿领域展开，但目前离实现仍有很大差距。

受过良好教育的公众对于可持续发展非常重要。所有影响环境的行为最终均来自个人。公众的意见会激励政府、公司和其他社会部门采取合适的行动。如果公众不能理解或明白可持续发展的重要性，那么无论政治领袖支持可持续发展的意愿多么强烈，他们也不能将其强加给公众。相反地，如果公众想要追寻可持续发展，即使是最不情愿的政治领袖也必须遵从。

对很多人来说，他们关心环境，但总是被问题的复杂性和尺度搞得晕头转向。在各种不同的观点和利益背后，人们往往不知道该相信何种信息。妨碍可持续发展的众多力量——包括社会的和生态的——起着相当大的作用。因此，如果人们的态度和行为不进行重大改变的话，扭转目前环境恶化的趋势是不可能的。实现可持续发展的紧迫性迫使我们尝试新的思考方式，但通向可持续发展的道路并不十分明了。

只有当我们能把握住人类社会和自然环境之间基本的相互关系时，实现生态可持续发展才成为可能。人类生态学作为一门研究人类与环境间相互作用的科学，为人们提供了一个全局式的观点，它架起了一座沟通自然科学与社会科学的桥梁。这种广阔的视角可以帮助我们明晰环境问题，并给出处理环境问题的建议。作为运用跨学科方法解决环境问题的一种尝试，人类生态学已经显示了它的价值，但目前它还没有在一个构建起来的理论体系下获得清晰的形象。人类生态学凭借自身力量成为一门主要科学学科的时代已经到来。我们每个人都在关注生态健康的未来，人类社会和自然环境二者的联系如此密切，人类不应该忽视自身的作用。

《人类生态学——可持续发展的基本概念》努力让人类生态学成为每一个人都可能理解而且应该理解的指导自身行动的科学学科。马尔腾博士提出一系列条理清晰的概念，这些概念阐明了生态系统是如何作用，以及人类社会系统与生态系统是如何相互作用的。这些将帮助读者理解人类—环境相互作用的复杂性，帮助读者在生活的方方面面建立起一些之前没有注意到的联系。马尔腾博士为阐明概念在书中所引用的例子均来源于实际，这些例子覆盖了广阔的命题，带领我们领略世界的多样性。它们将向我们展示如何从理论跨越到实践。比如，读者一旦意识到“复杂适应系统”的存在，他们就能认识到身边正在发生变化的秩序模式。一旦了解了“景观马赛克”，他们就可以更加关注影响未来生活品质的景观变化的深层含义。生态系统功能的变化特征阐明了不合理地使用环境资源将导致何种不可逆转的生态系统退化。社会系统和生态系统间“相互适应”的概念将帮助解释为什么现代社会存在环境问题，同时说明哪些基本的改变是应对这些问题所必需的。 xiii

马尔腾博士为我们提供了一个概念工具，帮助我们了解和评估所面对的事物的复杂性，这样我们就可以更有效地选择那些无论是从短期还是长期来看能带来积极影响的行动。当本书中的生态和系统概念能够应用到可持续发展之中的时候，生态系统的最终反馈效用就可以实现。本书解释了现有的经济系统和当代的其他社会机构是怎样导致人类—环境的相互作用变得不可持续的，同时说明了社会制度是可以为生态可持续的相互作用作出贡献的。本书提供了一系列案例，说明政府、私人部门、民间团体为建立与环境的健康关系所采取的一些成功行动。

本书的视角和清晰的表述保证了它可以被更广泛的读者群体所理解和接受，其中涵盖的信息应成为从初中到大学教育的必要组成部分。对于那些关注环境、希望了解是什么造就了子孙后代的未来的人，对于那些关心成千上万居住在环境恶化阴影下人们的生活的人，本书同样有用。简而言之，本书提供一系列清晰的、可理解的概念，这些概念可以应用到我们每个人和集体的生活中，以追求我们所有人都期待的、有保证和安全的未来。

莫里斯·斯特朗

地球理事会主席

联合国环境与发展大会前秘书长

（袁晓辉译　张天尧校）

# 前　　言



20年前，我在东南亚与一个由农学家、社会科学家、生态学家组成的团队一起工作。那些农学家当时正在使用绿色革命技术为所在区域的小范围农业开发新的生产系统。这些新技术为增加粮食产量和提高农民收入提供了很多令人振奋的可能性；但在很多情况下，当地农民并没有使用这些新技术。农学家很失望，他们寻求从事社会科学的同事们的帮助，希望找到能够说服农民利用这些技术的办法。

社会科学家们花费了大量时间与农民交谈，不久便发现，这些农民总体来说更倾向于创新而不是保守；很多人甚至经常在他们农场的一角试验新作物、培育新技术，当出现明显优势时，他们会在更大的尺度上应用。这些农民从经验得知，新的作物品种往往不能在他们不得不利用的边缘耕地上获得良好收成。即使土地适宜，这些改良过的新品种也需要充足的灌溉水源和昂贵的投入——比如肥料和杀虫剂——才能获得高产出，而这些投入往往超出很多贫困农民的收入。他们同时也害怕新的种植方法可能会带来难以预料的长远问题，这些问题一旦出现，他们将没有办法应对。一些区域在使用新农业系统几年后，出现土地问题，他们的担心得到了证实。大多数农民觉得他们无法承受风险去犯也许无可挽回的错误，因为除了利用自己的土地谋生之外，他们没有第二种选择。

在更多地了解了农民之后,农学家和社会科学家开始认识到对于新的农业技术来说,适应农民日常生活的实际需要,保证它们在生态上的可持续性是多么重要。他们也发现有必要多学习一些农民的传统农业方法,这些方法在几个世纪的历程中已证实:生态是可以持续的。所有这些让农学家们认识到,如果他们能比过去采取更广阔的视角,将会更加成功。这样,一个由农学家、社会科学家、生态学家和农民组成的联合研究团队诞生了,其中的每个成员都将为发展农民们真正需要的农业贡献自己的力量。

xv 伴随经济、技术、文化以及人们利用自然资源的方式在快速发展的世界中的不断变化,这样的故事只是展现了人们所面对的成千上万的挑战之一。这些挑战被囊括在“可持续发展”的概念之中,常被定义为满足当代人的需求,又不损害后代人满足他们需求的能力。一些人认为可持续发展是我们这个时代的主要挑战,但要让关心此事的人们了解他们在实现可持续发展方面能做些什么是很困难的。

人类生态学是研究人与环境之间相互关系的科学,能够帮助我们更敏锐地理解目前的环境变化以及人与环境如何相互作用。这种理解是实现有效行动的必要步骤。

“人类生态学”一词拥有一段很长且不唯一的历史。20 世纪 20 年代,当一个城市社会学家小组使用生态学概念解释他们在城市中观察到的现象时首次使用了它。这些社会学家发现生态学的隐喻非常有用,因为早期的生态概念实际上是系统概念,对人类社会同样适用。这一形式的人类生态学一直兴盛到 20 世纪 70 年代，它完全不同于本书中所说的人类生态学。

在20世纪60年代和70年代，生物生态学家被人口爆炸及其对环境产生的破坏性影响所警醒，他们使用“人类生态学”一词以强调人类像其他动物一样，受限于生态环境。与此同时，人类学家将人们的目光引向受环境影响形成的文化，其中一些开始使用当时最著名的生态学概念，如种群调节和能量流动，对人类生态学领域进行研究。20世纪70年代，随着对环境问题认识的迅速提升，不同学科背景的学者开始谈及“人类生态学”一词。这些不同形式的人类生态学，遵循着它们被提出背景下的不同准则，除了都是处理人与环境的问题之外，彼此之间并无相同之处。

20世纪80年代，生物生态学家和社会科学家在跨学科研究的团队中共同工作，研究与环境相关的实际问题。他们中的很多人，包括我自己在内，认识到人类生态学是解决问题的一种视角，它强调人类社会与环境之间的相互作用。通过对生态系统与人类社会效应链的追根溯源，通过更全面地了解人与生态系统的作用机制，人类生态学可以帮助我们：

- 预测人类行为对环境的长期影响；
- 避免环境的突发灾难；
- 形成处理环境问题的办法；而且是总体的方法；
- 保持与环境相互适宜的可持续的关系。

近年来，从事人类—环境相互作用研究的科学家逐渐增多，他们的背景和观点的多样性也在相应地扩大。

本书是在日本关西学院大学政策研究学院的本科生课程的基础上完成的。课程的目的是提供一个概念基础，帮助学生们将人 xvi

类生态学和可持续发展融入他们的个人和学术生活中。本书反映了我个人对人类生态学的认识,并试图提供一个清晰易懂、条理清楚的概念系统,以帮助理解生态系统的作用机制以及人类生活是如何与生态系统相互作用的。本书根据很多现有观点,将长期存在的生态原则与最近在复杂系统理论指导下形成的概念融合起来。本书的最后一部分重点关注社会进程和社会机构,以及与生态可持续发展或一致或冲突的技术。我期待本书能够在课堂中大量使用,也相信它对于那些关心环境,并始终在尝试了解采取何种措施才能带来积极改变的人们有同样的价值。

本书中的大部分观点根基稳固,但也有少量是尚未解决的科学争议。其中的一个例子是"显性属性"(emergent properties)的概念。一些科学家,包括我自己在内,认为生物组织的每一个层次都拥有"它自己的生命",是从该部分的组织中衍生出来的,而不仅仅来自该部分的特征。其他科学家认为显性属性只是在理论上架构起来,缺乏严谨的科学证明。我在本书中使用显性属性是因为这种说法鼓励了整体的系统思考,这对于生态可持续发展来说是非常必要的。

本书中的概念通过案例、故事以及相关图表呈现在读者面前。我在举例时经常会使用"粗线条"的方法,保证将注意力集中在交流概念而不是分析具体细节问题上。本书还包含了一个补充阅读的书单,为读者更详细地了解核心概念和关键案例提供参考。同时,本书也为读者探索书中未包含的人类生态学的细节和观点提供了可能。

只有在具体案例中挖掘人类—环境相互作用的细节,才能全面把握人类生态学。每章末尾“需要思考的问题”练习尝试将具体的概念解释融入读者自己所处的环境中。每年的《世界现状》(*State of the World*)和《世界观察报》(*Worldwatch Paper*)系列报告(世界观察研究院,华盛顿)为这些练习提供了非常有价值的信息。如果想要获得最大收益,读者需要尽可能深入地挖掘他们自己的例子——他们自己的“故事”。只有这样,人类生态学才能成为现实,读者将在他们自己的社区中构建实现生态可持续发展可能性的具体图景。

技术术语以及那些在本书中以不同于惯常的意思出现的词语,在文中首次出现时以楷体表现,它们的含义将在词汇表中给出。

(袁晓辉译　张天尧校)

# 致 谢

由于本书中的大部分观点来自多年的生态科学研究，所以我认为在此应该至少说明一些概念和案例的具体来源。应该首先指出的是，科纳斯·E. F. 沃特和 C.S. 霍灵为我提供了强大的智力帮助，他们是将严格的系统分析应用于生态学的先驱。几千年前人们就发现了自然和社会进程中的循环特征，然而霍灵对生态系统循环的分析激发了本书中“复杂系统循环”观点的产生；“稳定性”和“弹性”之间的冲突最初也来源于霍灵。本书的核心概念框架基于人类社会系统和生态系统的相互作用，最初来源于特里·兰博，他通过说明本书中所提到的印度人做饭用的燃料和砍伐森林的例子来阐明概念。我特别感激特里·兰博这些年来在智力上的相伴。弗吉尼亚·费恩让我对图 4.4 中的“钉子之谜”产生了兴趣。“盖亚假设”来源于詹姆斯·拉夫洛克，工业革命后在社会系统和生态系统之间的相互适应和共同进化基于理查德·诺加德的《发展的背叛》(*Development Betrayed*)。第 9 章中一些关于自然的观点是基于格尼·班纳特的看法。在可再生资源利用方面，对“流动资本”(portable capital)影响的讨论最初基于柯林·克拉克提出的观点。格雷特·哈丁最早使用“公共资源的悲剧”(tragedy of the commons)一词。在文明的兴衰中社会复杂性的角色基于约瑟夫·泰恩特的《复杂社会的崩溃》(*Collapse of Complex So-*

*ciety*)。可持续的公众财产管理和土耳其沿海渔业的例子来源于埃莉诺·奥斯特拉姆的《公共资源管理》(*Governing the Commons*),日本的传统森林管理说明来源于玛格丽特·麦基恩的出版物。梅拉妮·贝克、保罗·爱德曼、乔·埃德蒙斯顿、温斯顿·萨泽、苏珊·古德、拉斯·丁曼为圣塔莫尼卡山自然保护部分的写作提供了信息。斯科特·霍尔斯特德在登革出血热的流行方面、伏·斯尼·那姆在越南通过桡足类动物控制登革热方面提供了相关素材。克里·圣·皮提供了巴拉塔利亚-泰勒博恩国家河口项目的相关信息。理查德·卡里尔、理查德·博登、安东尼·克莱顿、安·马尔腾为本书不同阶段的手稿整体提出了意见。加里·阿莱和朱莉·马尔腾为本书绘制了电脑图片。

(袁晓辉译　张天尧校)

谨献给

凯丽、杰西和马克

# 目　　录

# 图 录

xi

# 1 绪　　论

## 什么是人类生态学？

生态学是一门探讨生命体与环境之间关系的科学。*人类生态学*则是一门描述人类与环境之间关系的科学。在人类生态学中，环境被视为一种*生态系统*（图 1.1）。生态系统所指定的范围有：空气、土壤、水、生物体，也包括所有人类创造的物质结构。其中生态系统的生物部分——微生物、植物、动物（包括人类）都是其*生物群落*。

1

生态系统的选取可大可小。例如森林里的一个小池塘是一个生态系统，整个森林也是一个生态系统；一个农场是一个生态系统，整个农村景观也是一个生态系统。村落、小镇和大城市都是生态系统。数千平方公里的区域是一个生态系统，我们整个地球也是一个生态系统。

虽然人类是生态系统的一部分，但将人类与环境的相互作用看作人类*社会系统*与生态系统其他部分间的相互作用是十分有益的（图 1.1）。社会系统包括与人类有关的一切，如*人口*、塑造人类行为的心理和*社会组织*。社会系统之所以在人类生态学中占据核心地位，主要是因为影响生态系统的人类活动受人们生活的社会

2

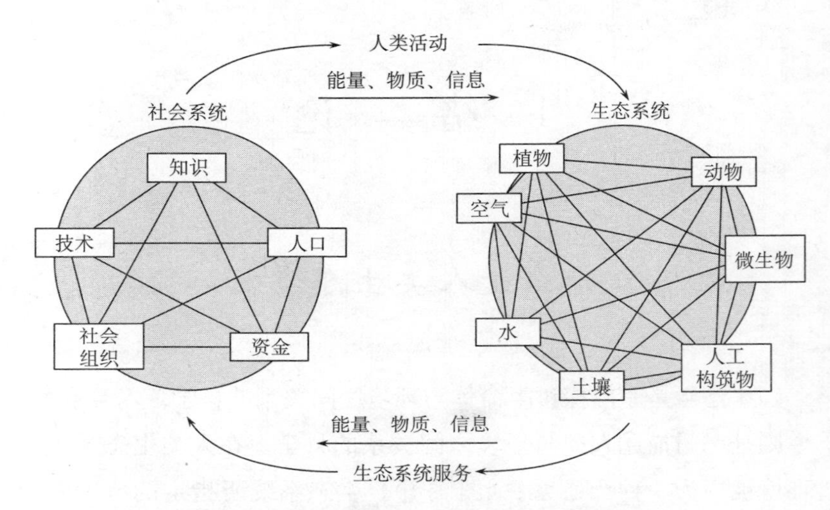


**图 1.1 人类社会系统与生态系统的相互作用**

的影响很大。价值观和知识——共同形成了人类个体和整个社会的世界观——指导我们处理和阐释信息，并将其转化为行动。技术限定了我们行为的可能性。社会组织和制度限定了社会能接受的行为，并且指导我们将可能性变为行动。社会系统也像生态系统一样，可以是任何规模的，小到一个家庭，大到我们整个地球的全部人类。

生态系统为社会系统提供所需要的服务，包括可移动的物质、能量和适合人类需要的社会系统的信息。这些生态服务功能包括水、燃料、食物、服装材料、建筑材料和娱乐设施。物质移动很明显，能量和信息流动则不太明显。每一种物质客观上都包含能量，最明显的是食物和燃料，每一种物质都在其形成或组织中包含信息。信息可以独立于物质从生态系统迁移到社会系统中。猎人搜寻他们的猎物，农民专注于他们的耕地，普通市民会在横穿街道时估算交通状况，或在清新的林中漫步，这些都是信息从生态系统向社会系统的转换。

物质、能量和信息从社会系统向生态系统移动，可以视为人类活动对生态系统影响的结果：

• 当人类摄取资源，例如水源或从事农林牧渔时，即在影响生态系统；

• 人类从生态系统中摄取物质以后，又将这些物质作为废弃物返还给生态系统；

• 人类有意地重建或重组已有的生态系统，或创建一个新的生态系统，以便更好地为他们的所需服务。

借助机械(machines)和人类劳动，人们通过移动生态系统内或生态系统之间的能量来改变原有的生态系统或创造一个新的生态系统。每当人们改造、重组或创造新的生态系统时，就完成了信息从社会系统到生态系统的转换。农民种植作物，间作给作物预留足够的田地空间，除草对田地生物群落的改造以及通过施肥对土壤化学性质的改造，不仅是农民改造农田生态系统的物质转换，也是信息转换的过程。

### 社会系统—生态系统之间相互作用的案例：商业捕鱼造成对海洋动物的破坏

人类生态学将人类行为作为生态系统和人类社会系统之间的效应链，并分析其结果。举一个捕鱼业的例子。捕鱼直接影响海洋生态系统，但是捕鱼也对其他生态系统造成意想不到的影响。这些影响由于生态系统和社会系统之间的往来关系又会增加一系列的额外影响(图 1.2)。

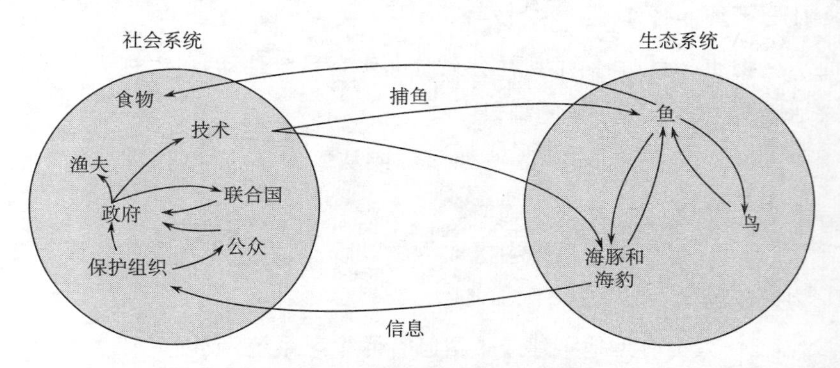


**图 1.2　生态系统与社会系统(在海洋中进行商业捕鱼)之间的效应链**

流网(drift nets)在水中是无形的，鱼要穿过它们时就会被缠住。20 世纪 80 年代，渔民采用数千公里长的流网在世界范围内的海洋中捕鱼。到了 20 世纪 80 年代中期，人们发现大批海豚、海豹、海龟和其他海洋动物，由于被流网完全缠绕而溺水死亡。这是一个信息从生态系统转换到社会系统的例子，见图 1.2。

4　当保护组织意识到流网正在对海洋动物酿成的恶果后，开始强烈反对使用流网，呼吁公众向政府施压从而迫使渔民停止使用这种网。一些国家的政府没有作出回应，另有一些国家的政府将这个问题提交到联合国，最终通过决议明令禁止所有国家使用流网捕鱼。最初一些渔民还不想放弃这种网，但政府强制他们作出改变。几年以后渔民们已经从使用流网捕鱼转为使用长网线(nets to long lines)捕鱼或其他捕鱼方式。长网线捕鱼的特征是将勾住诱饵的钩挂在一个几公里长的主线上，近年来已经成为一种普遍的捕鱼方式。渔民使用长网线捕鱼已经在世界范围内的海洋里撒下了数以亿计的鱼钩。

流网的例子表明了人类活动是如何产生一个效应链，即生态系统与社会系统相互传递内外作用的过程的。捕鱼影响生态系统（导致海豚、海豹死亡），又反过来导致了社会系统的改变（促进捕鱼技术的发展）。这个故事还在继续。大约六年前人们发现长网线捕鱼会导致大量海鸟，特别是信天翁死亡。当长网线被从捕鱼船尾部放置入水中，只要海鸟飞下来吃挂在鱼钩上的诱饵（漂在海面上），船尾的长线就立刻从水中收回（图 1.3）。因此海鸟被鱼钩勾住而拖进水中溺死。如果不停止这种捕杀，许多当地的海鸟种类将会灭绝，因此当地的政府和渔民对长网线进行了研究改造，使之可以避免伤及鸟类。一些渔民遮盖船尾的长网线，以防止海鸟接触到鱼钩，也有一些人增加鱼钩的重量使其下沉到海鸟不能到达的深度。人们还发现，海鸟不追逐那些被染成蓝色的诱饵。 5

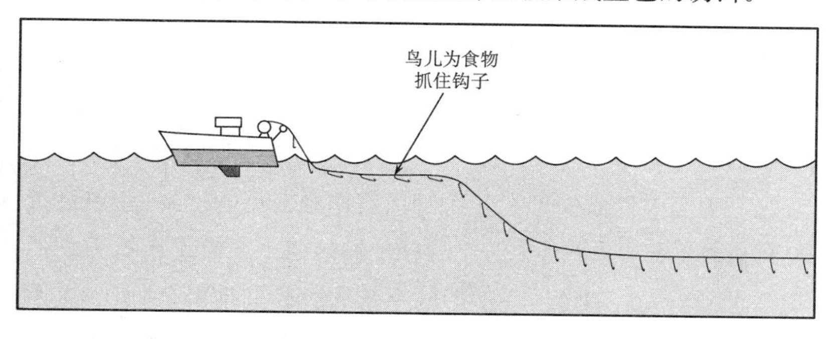


**图 1.3 长网线捕鱼**

只要生态系统和社会系统之间新的回馈继续往来于二者之间,这个故事就会继续下去。另一例子是海豹和一些鱼类的关系。由于人们在一定区域内过量捕鱼,导致海豹的食物来源减少,海豹数量因此逐年减少甚至濒临灭绝。这种影响会在海洋生态系统的许多方面产生振荡。阿拉斯加沿海的海豹减少,主要是由于区域内海草林(kelp forests)大量减少。先前捕食海豹的虎鲸,不得不适应海豹的减少而转向捕食海獭,从而又导致海獭群落的减少。海胆是海獭的主要食物来源,它以海草为生。海獭的减少导致海胆猛增,最终海胆毁灭了海草林,导致数百种以海草林为独特栖息地的海洋生物流离失所。(另一段有关商业捕鱼与海洋动物的故事在第 11 章中有所提及)

## 印度人做饭用的燃料与森林砍伐

在印度,森林被破坏可以给我们提供另一个关于人类活动造成生态系统与社会系统之间回馈和向外扩展的连锁效应的实例。下面这个故事告诉我们科技(如沼气产生器)是如何帮助我们解决环境问题的。

在印度,几千年来人们一直靠砍伐树枝和灌木丛来提供做饭所需的燃料。只有在人口相对较少的情况下,才不对环境构成威胁。但是这种情况随着过去 50 年印度人口的激增而发生变化(图 1.4)。因为人们砍伐了太多的树木当作做饭用的燃料,所以最近几年森林大量减少,现在已经没有足够的树木来满足所有人的使用需求了。人们不得不让他们的小孩去寻找其他可燃物,如更小的树枝、农作物秸秆和牛粪来应对这类“能源危机”。收集燃料使得孩子对于家庭更为重要，因此，父母需要生更多的孩子，最终导致人口增长并进一步引发燃料需求的增加。

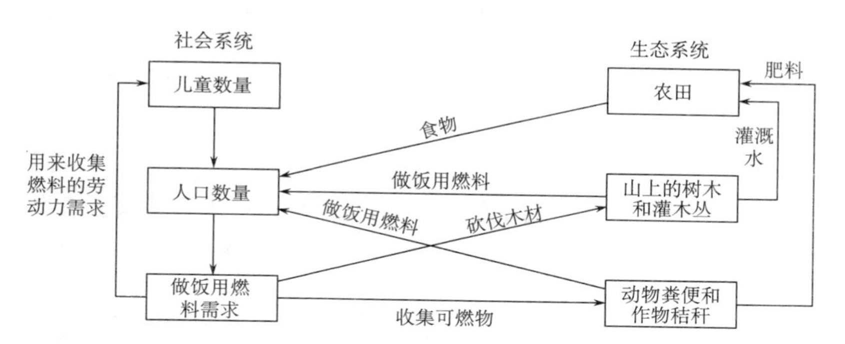


**图 1.4 做饭用燃料与森林砍伐(生态系统与社会系统之间的效应链)**

做饭用燃料的收集对生态系统造成严重的影响。将牛粪作为燃料减少了其作为化肥施用于田地的数量，从而导致作物的产量下降。此外，过度砍伐使山体不再有森林覆盖，旱季从山上流下来灌溉农田的水流减少了。由于山上也不再有树林保护暴雨中的地表，从而水质下降，土壤侵蚀更加严重，灌溉水中含有大量泥沙，它们沉积在灌溉水渠中，甚至堵塞渠道。灌溉水质量和数量的下降，导致作物产量下降，最终导致人们营养不良、健康状况下降。

这种效应链使人口增长、乱砍滥伐、燃料短缺和作物产量过低之间形成一种恶性循环，并难以摆脱。

然而，沼气产生器作为一种新的科技成果能帮助我们改变这 7 种状况。沼气产生器是一个大池子，装满了人们丢弃的垃圾、动物粪便和作物秸秆，进行发酵。发酵过程产生大量的甲烷气体，可用来生火做饭。当发酵过程完成时,池中的植物和动物废弃物可以被清理出来用作耕地的肥料。

如果印度政府将沼气产生器引入农村,人们就可以用甲烷来生火做饭,而不再需要砍伐木材了(图1.5)。森林也将恢复,从而给灌溉提供更加充沛的清洁水源。在使用沼气产生器后,动植物的残渣也可被用作田地肥料,这样粮食的产量也会提高,人们将比现在获得更多营养,也会更健康,同时也不再需要那么多孩子去收集越来越少的做饭用燃料了。

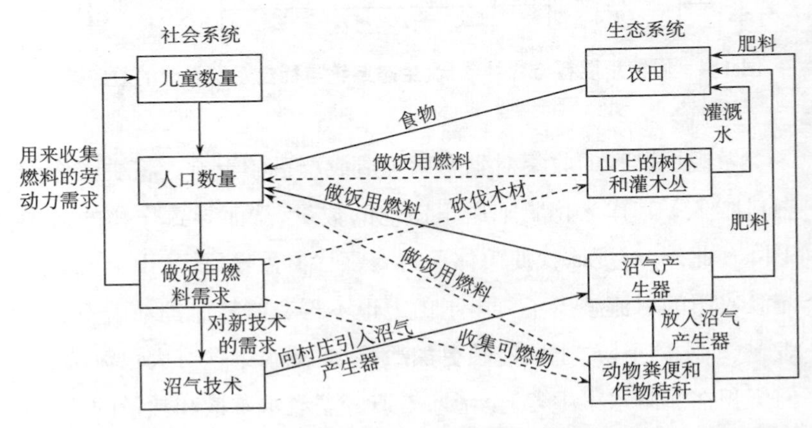


**图1.5　当生物燃料生产装置引入村庄时社会系统和生态系统之间的效应链**

注:虚线箭头表示由于沼气产生器的引入被极大减弱的影响。

然而,将沼气产生器这种新的科技方式引入农村并不能十分确定是否它真的能带来我们期望的生态和社会利益。在印度的大部分农村地区只有少数富农拥有属于自己的土地,剩下的大部分贫农只有很少土地或根本没有自己的土地。如果人们必须花大价钱买沼气产生器，那么仅有一些富农可以承担得起。贫农没有沼气产生器，他们通过收集牛粪卖给富农供沼气产生器使用从而赚取一定收入。贫农也不可能很关心沼气产生器带来的生态效益，因为提供更好的灌溉水只能带给那些拥有自己土地的富农以最大利益。

结果是，沼气产生器所带来的利益被富农独享，拉大了富农与贫农之间的差距。一些贫民只专注于眼前的利益，仍然在继续破坏森林。当我们将社会作为一个整体看，从新科技里获得的利益是非常小的。为了改善这种状况，重要的是确保人人都能从沼气产生器获益，这样才能打破越来越少的燃料与乱砍滥伐之间的恶性循环。

## 可持续发展

类似商业捕鱼与海洋动物的故事中所包含的意想不到的结果其实并不稀奇。许多人类活动改善环境的方式是微妙的，或者并不明显，或者涉及的改变非常缓慢以至于直到问题严重了人们才有所察觉。一些问题可能会暴露得非常突然，有时一个问题可能会是另一个与它距离遥远的人类活动引起的。 8

水俣病(Minamata disease)是一个非常典型的意外结果产生的例子。直到 20 世纪 60 年代，汞被广泛应用于工业生产行业，诸如造纸业和塑料制品行业。日本水俣地区的塑料工厂正常向邻近滨海水域排放汞废料。虽然众所周知汞有剧毒，但海洋是如此广大，并没有人对此有过担心。然而工厂排污口周围的细菌将汞转化为更多的有毒甲烷汞，它们年复一年地在沿海生态系统中积累。汞经过生物的积聚进入食物链的每一级：从浮游植物（微观植物）到浮游动物（小型动物），再到小鱼，最后到人食用的鱼。没有人意识到汞在鱼体内的积聚是经过无数次在周围海域浓缩而形成的。

20 世纪 50 年代，水俣地区有 1 000 多人遭受病痛折磨，其中数百人不幸死亡，剩下的幸存者神经系统遭到了破坏，而且生下了许多畸形儿。由于受汞污染的鱼被确定为导致这些问题的原因，当地居民发起了一场运动迫使这些工厂采取措施。几年以后政府终于规定禁止工厂向海水排放汞，但是仍然有大量残留的汞，继续在沿海生态系统食物链中参与着循环。水俣地区的鱼也只能到 50 年以后才能再次达到食用标准。这次戏剧性的事故最终导致工业汞在世界范围内的大规模使用被停止，然而在拉丁美洲、非洲和亚洲部分地区，汞仍然被用于金矿采集。

最近发生在朝鲜的一个灾难也说明了生态方面的过失能够酿成多么严重的后果。在过去的五年中由于洪水引发的粮食灾难导致数百万人饥饿和死亡。原因很复杂，但乱砍滥伐被认为是最主要的原因。乱砍滥伐始于百年前日本殖民主义对朝鲜地区的森林扩张，一直持续到“二战”后朝鲜半岛南北分治。由于朝鲜半岛北部为工业地区，南部为农业地区，朝鲜被迫伐木扩大耕地面积来增加粮食产量。[1] 家用和工业用燃料消耗了大量的木料，加之木材

① 这里作者的说法是错误的，朝鲜以山地为主，韩国以平原为主。朝鲜半岛分治后，朝鲜因缺乏足够的宜农地而被迫伐木扩大耕地面积以增加粮食产量。——译注

的大量出口，致使北部地区的森林面积大为减少。

9

森林具有一个非常有价值的功能，即它可以收集雨水并将其汇入河流，供城市和农业使用。森林土壤有一层表面的腐叶层像海绵一样吸收雨水，并常年持续不断地供给河流。当小流域失去森林时，土壤也失去了之前具有吸收雨水功能的腐叶层，导致雨水流失非常快，引起雨季的洪水和旱季的缺水。朝鲜的乱砍滥伐距离这个灾难性结果的显露已经过去了将近一个世纪，汹涌的洪水和饥荒现在已经成为一个周期性事件。因为重建森林需要很长时间，这个错误无法很快纠正。乱砍滥伐已经引起恶性循环，导致粮食产量降低，增加了对化肥和粮食进口的新需求，并迫使朝鲜砍伐更多的树木，以便增加木材出口，换取收入去支付进口商品的花销。

可持续发展就是既要着眼于当下的需求，又要照顾到子孙后代的需求，即留给我们的子孙后代一个体面生活的机会。生态可持续发展就是保持生态系统健康。生态系统相互作用的方式是允许他们保持功能的充分完整性以便继续提供给人类和该生态系统中其他生物以食物、水、衣物和其他所需的资源。朝鲜没能正确地保持森林水对一个健康景观的适当的平衡，从而导致生态的不可持续性。灭绝某些海洋动物，过度砍伐森林用作家用燃材，以及汞污染海洋生态系统，这些例子也是生态的不可持续。

可持续发展并不意味着持续的经济增长。如果经济增长持续依赖于资源量的持续增长，而这些资源来自供给能力有限的生态系统，那么要想维持经济增长的持续性是不可能的。在经济发展和其他优势如社会公正实现之后，如果追求奢华的消费，那么可持续发展也是不可能实现的。已经被破坏的生态系统一旦失去了满足人类基本需求的能力，就很难有机会去实现经济发展和社会公正。一个健康的社会同样需要关注生态可持续性、经济发展和社会正义，因为它们是相辅相成的。

10

## 对生态系统的需求强度

人与生态系统相互作用的可持续性与人类对生态系统需求的强度密不可分。我们总是要依靠生态系统来得到原料和能源。一些资源如矿产和化石燃料是不可再生的；另一些如食物、水和森林资源是可再生的。人类利用它们并以废物的形式将它们还给生态系统，如污水、垃圾和工业废水（图 1.6）。

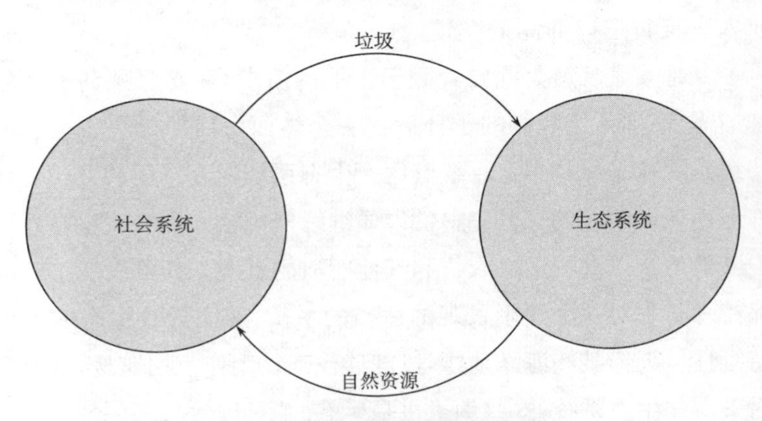


图 1.6 人类对自然资源的利用

一般说来，对资源使用的强度越大，对生态系统的需求就越大，也越不可持续。对不可再生资源的透支会使供给被耗光的速度加快。

只有当需求控制在一定范围内，生态系统提供资源的能力以及人与生态系统可持续的相互作用才有可能实现；但是如果可再生资源被透支，这种能力将被破坏（更详尽的细节参见第6、8、10章的解释）。最近几十年人口的增长以及工业、经济增长和新材料的运用，已经导致自然资源使用的规模发生了戏剧性的增长。由于环境意识增强，社会系统对生态系统需求的强度正在减弱。最近几年科技发展的导向也从资源的大量消耗向更有效地利用资源、减少污染的方向发展。

人口规模越小，越有利于在不增加对环境额外需求的基础上保持高水平消费。 11

对生态系统需求的强度＝人口数量×消费水平×科技

对生态系统需求的强度：

- 工业和农业产品对材料和资源需求的总量；
- 工业和农业产品产生的污染。

人口数量：使用工农业产品的人口总数。

消费水平：人均工农业产品数量。它与社会的物质丰富程度有密切联系。

科技：单位工农业产品产生的资源使用量和污染量。

**框图1.1　对生态系统的需求强度**

人们可以使用能够想象得到的最有效的技术，但还是对贫瘠的环境提出不可持续的需求。富裕国家的消费水平比贫穷国家高很多。富裕国家人口消费巨大不仅是指那里存在大量人口，而且指他们对生态系统的过量需求已经超越了他们自己国家的疆界。发展中国家致力于通过高水平的工业生产和消费来实现经济发展，但这一目标往往被人口高速增长所阻碍，目前世界上存在不少这样的典型案例。

## 本书结构

这本书的前半部分主要讲述生态系统和社会系统的功能以及它们自组织的复杂适应系统的相互作用，解释系统概念和基本的生态原则；后半部分讨论人类—生态系统相互作用。第 2 章用生物群落的增长及规律解释正负反馈机制，以理解生态系统和社会系统的动力学机制。第 3 章论述人口增长的历史，解释我们今天看到的意想不到的人口增长的结果和原因。第 4 章和第 5 章阐述了生态系统是如何自组织的，以及同样的组织原则如何适用于人类社会系统。第 6 章阐述自然演变和人类活动的影响是如何造成生态系统的不断变化的。它显示出人类活动能引起生态系统不确定的改变，这种改变有时是我们所不希望的，也是不可逆的。

12

本书的后半部分则转向讨论社会系统和生态系统的相互影响。第 7 章介绍了人与生态系统相互作用的中心概念——社会系统与生态系统共同进化、相互适应。第 8 章描述了通过生态系统得到的物质和能源在人与生态系统之间移动的生物过程，解释了生态系统提供给人类的物质和能源的数量是如何受人们的使用方式的影响的。第 9 章概述了人类活动影响生态系统的原则和价值。第 10 章表述了现代社会和他们赖以生存的生态系统之间产生不可持续性的诸多原因。第 11 章概述了生态系统和当今社会环境之间可持续相互作用的原理。第 11 章结尾强调了现代社会为可持续发展构建动态适应能力的必要性。第 12 章列举了两个关于生态可持续发展的实例研究，一个是生态科技的应用，另一个是区域环境管理行动规划。

## 需要思考的问题

1. 图 1.4 总结了印度做饭用的燃料和砍伐森林的故事。观察图中的每一个箭头，写下它们所代表的影响；你可以因此找到农村社会系统和生态系统之间的效应链。例如，从“人口数量”指向“做饭用燃料”的箭头可以理解成“人口的增长导致对做饭用燃料需求的增长”。另外，图 1.5 中的从对“做饭用燃料”的需求发出的箭头，标注了图 1.5 与图 1.4 影响方向的不同，这是因为文中提到的沼气技术的运用。从对“做饭用燃料”的需求指向“沼气技术”的箭头，代表了对“做饭用燃料的高需求引领沼气技术发展”。从“沼气技术”指向“沼气产生器”的箭头代表“沼气产生器被引入农村”等等。

13

2. 利用来自报纸或杂志的文章以及你自己的个人常识，将生态系统和社会系统效应链的案例放在一起。用一个图表展现案例。
3. 利用来自报纸或杂志的文章以及你自己的个人常识，思考一些环境中无法预料的结果的案例。为什么人们花了这么久的时间才意识到发生了什么？为什么问题会突然变得如此明显？

4. 查看"对生态系统的需求强度"等式，思考你所在国家的人口、消费和技术是如何变化的。你所在的国家中，人口、消费和技术的变化是以何种方式改变国家对生态系统的需求的？每一种变化在多大程度上影响对生态系统的需求？
5. 生态可持续发展对于你所在的国家来说是可能的吗？对于整个世界来说是可能的吗？即使生态可持续发展是可能的，你认为它真的会发生吗？生态可持续发展是否在一些地区看起来更有可能发生？

（顾江译　顾朝林校）

# 2 生物群落和反馈系统



为什么环境问题有时会出现得如此突然？原因在于正反馈和负反馈，它们是塑造所有生物系统——从细胞到社会系统和生态系统——的巨大力量。反馈是指当系统的一个部分发生变化，并且该变化在系统其他部分形成效应链之后，该变化在原发生部分所产生的影响。负反馈提供了稳定性，所有生态系统和社会系统都有很多负反馈循环，保持系统的每一部分都在正常范围，从而能让整个系统继续正常运行。正反馈刺激着变化，对于我们周围世界环境问题的突然出现和其他快速变化，正反馈是有一定责任的。

一个生态系统的生物群落是由包括人类在内的各种植物、动物和微生物的生态系统组成的。人类不管何时与生态系统互动，都直接或者间接地与生物群落互动。本文旨在介绍资源过剩时正反馈是如何导致生物群落快速增长的，同时也解释负反馈如何在生态系统能够支撑的限度内抑制系列生物群落的发展。

## 生物群落指数型增长

关于生物群落指数型增长的一个简单故事可以说明环境问题

有时为什么会如此突然地出现。水葫芦是一种浮游植物，从南美洲蔓延到世界各地水道。它能完全覆盖水面，阻碍船只运动。

15　想象直径为 10 公里的一个湖面，需要 80 亿株葫芦植物才能完全覆盖。起初湖泊里并没有水葫芦，我们将一株水葫芦引入湖中。一个月后，一株变成两株。又一个月后，两株繁殖为四株（图 2.1），很快已经繁殖到 1 700 万株之多。没有人注意到它们，因为 1 700 万株植物只是覆盖了 0.2%的湖面。

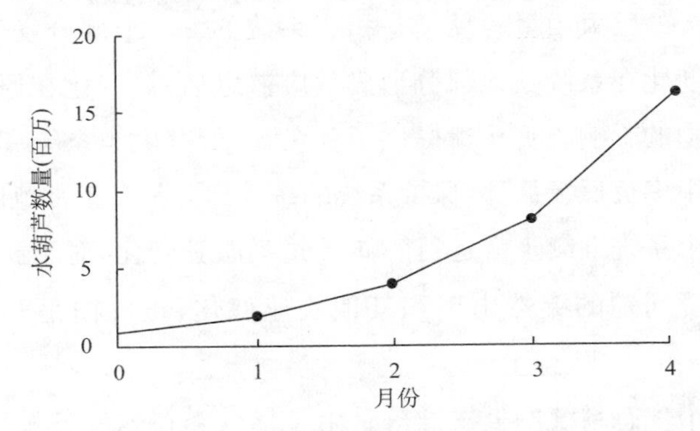


**图 2.1　在湖中引入一株水葫芦以后 4 个月内的生长数量**

又 6 个月过去了，在我们把单株植物放到湖面 30 个月之后，目前已经有 10 亿株葫芦植物，覆盖了约 13%的湖泊（图 2.2）。现在，人们开始注意到水葫芦了。虽然水葫芦还不足以影响船只运

16　行，但是有些人开始担心。也有人说："不必担心，水葫芦长到现在的规模用了很长时间，长到足以导致问题的规模将会是一个更长的时间。"那么，谁是正确的？问题是会发生在遥远的未来还是不久就有问题？事实上水葫芦的数量每个月都在翻番，恐怕用不了

三四个月就会铺满湖面(图 2.3)。

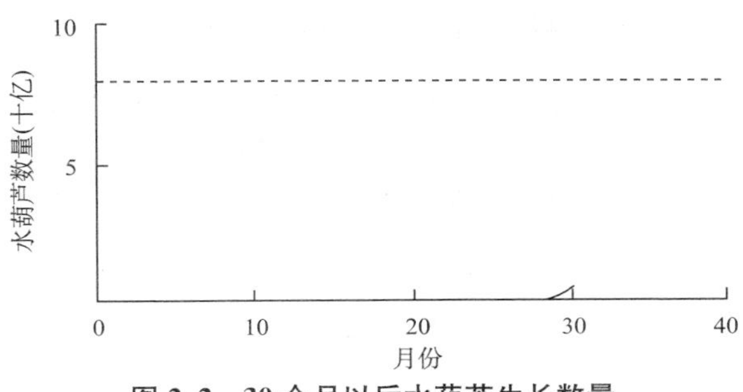


**图 2.2　30 个月以后水葫芦生长数量**

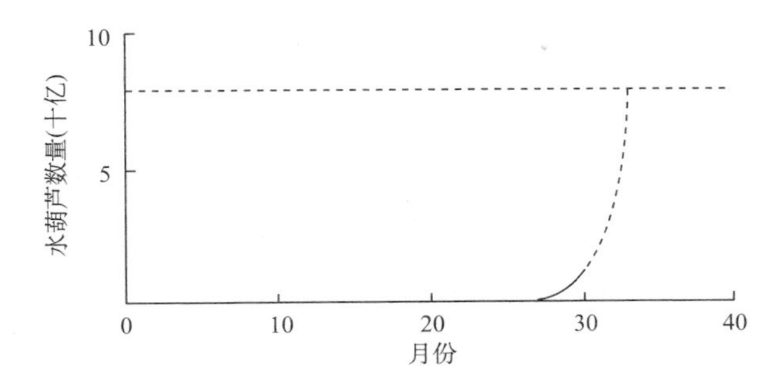


**图 2.3　水葫芦数量的指数型增长**

有一个真实的故事。在许多地方,水葫芦已成为一个失控的滋扰。这也包括世界上第二大湖泊东非维多利亚湖,在这里,湖鱼是千百万人摄取动物蛋白质的主要来源。维多利亚湖部分水面现在被水葫芦严重堵塞,渔船不能在水中移动。成千上万的渔民因此失业,而鱼类供应也急剧下降。

水葫芦的故事不仅事关湖面漂浮植物,也跟地球上生物群落的增长有关系。被水葫芦迅速填满的水面与生物群落引人注目的问题具有可比性，现在地球已经被人类充斥，指数型的生物群落增长开始受到关注。地球目前承载的人口是60亿，没有人准确地知道地球在可持续发展的基础上到底能承载多少人。对于人类来说，地球的承载能力取决于包括未来技术在内的各种技术，还取决于发生在全球范围内的前所未有的人类活动对生态系统的影响。然而，水葫芦的故事对人类群落的基本寓意是相同的，不管地球的人口承载力是80亿、100亿或者更多。

17

## 正　反　馈

水葫芦的故事是一个促进循环链变化的正反馈例子。生态系统中的许多突然变化是因为正反馈，当系统的一个部分变化，另一部分的变化也增加了第一部分的变化。A对B产生积极影响或者B对A产生积极影响都是正反馈(图2.4)。正反馈是不稳定的根源，它是变革的力量。

指数型增长是一个正反馈的例子(图2.5)。足够的食物、空间和其他资源允许植物或动物群落无限制地增长，生物群落指数型增长开始出现。更多的群落导致更多的出生，更多的出生导致群落不断增加。水葫芦的故事讲的不只是湖面的漂浮植物，也说明最近几年工业化高速增长导致人类群落和自然资源利用呈指数增长，工业化高速增长能突然达到生态系统提供资源和吸收污染的限度。

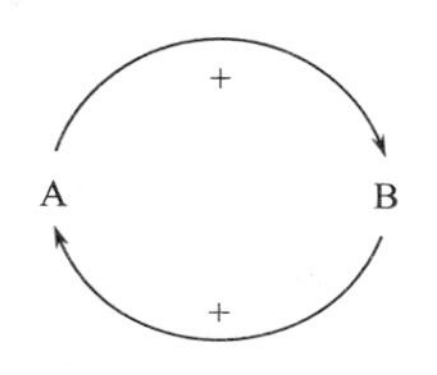


图 2.4 正反馈循环

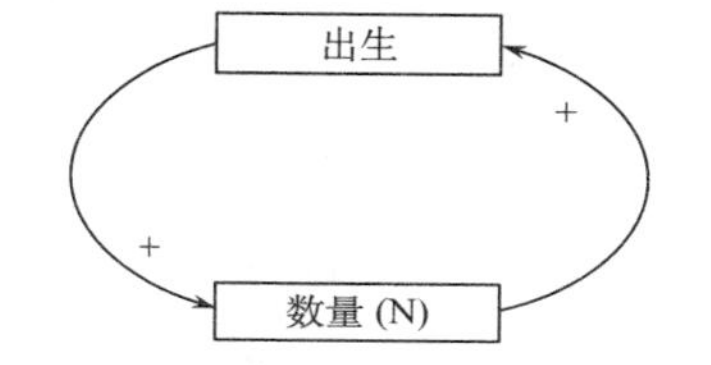


图 2.5 产生指数型增长的正反馈循环

正反馈促进变化，但它并不总是导致增长。如果变化是下降的，正反馈可以使向下的变化更大，这也可以发生在生物群落方面。当濒危物种种群的数量变得很小时，很难寻找配偶，出生率更低，数量继续减少。数量减少导致更难找到配偶，数量减少得更多。正反馈可以导致生物数量跌幅更大，导致生物群落减少甚至灭绝。 18

正反馈并不只发生在植物和动物群落，在人类社会系统也很常见。存在于个人或团体之间的友好或敌对关系的相互促进就是一个正反馈的例子。不良的正反馈是所谓的“恶性循环”。美国和苏联之间冷战时期的武器竞赛提供了一个正反馈的例子，螺旋式递减也是因为正反馈。

## 一种事物取代另一种事物的正反馈例子

正反馈可以导致一种事物增长另一种事物衰退。当系统的两个部分存在竞争，正反馈可以导致一部分取代另一部分。VHS 录像带战胜 Betamax 就是一个很好的例子。25 年以前，当 VCRS 录像机首次投放市场，它有两个完全不同的录像机电子系统，分别是 VHS 与 Betamax，两者互不兼容。VHS 录像带只可以使用在

VHS 型录像机上，Betamax 录像带也只能在 Betamax 型录像机上使用。

19　民众不知道选择哪个系统，因为二者的成本和质量每年也是相同的。因此，有些人购买 VHS 录像机，有些人购买 Betamax 录像机，大约各占一半。音像店的 VHS 与 Betamax 录像带也是各占一半，这种情况持续了好几年。后来，VHS 录像机与 Betamax 录像机以同样的数量迅速下降，再到后来，Betamax 消失，公众现在主要使用 VHS。

为什么 VHS 赢得了竞争？图 2.6 显示出这一过程。最大的变化开始于略微过半的人使用 VHS 录影机。于是电影公司制作更多的 VHS 电影录像带，因为大部分人拥有 VHS 录像机；VHS 录像带的增加促使更多的人选择购买新的 VHS 录像机，导致越来越多的人使用 VHS 录像机而很少使用 Betamax 录像机；而电

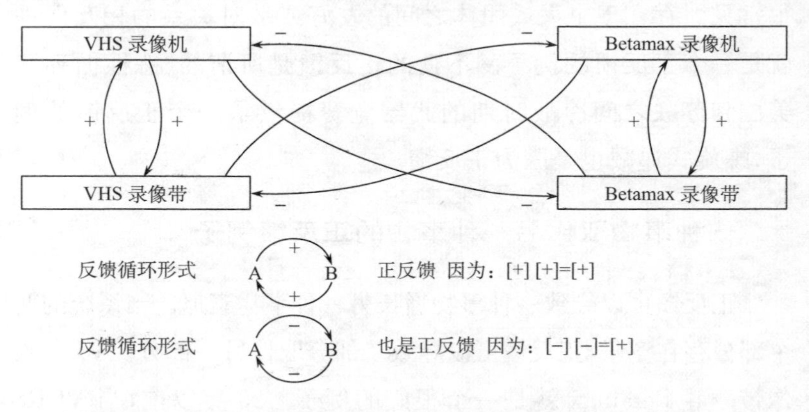


**图 2.6　VHS 取代 Betamax 的正反馈循环**

影公司则购买更多的VHS录像带用于VHS录像机，导致更多的连锁效应。与此同时Betamax录像机和录像带减少，造成Betamax走向衰退的连锁效应。这就是VHS胜利和Betamax失败的正反馈循环。

## 负 反 馈

20

负反馈是反向变化效果的循环链，它保持事物不变。当系统一部分超出常规要求，其他系统变化就会扭转第一部分的变化。负反馈的功能是保持系统部分在生存所必需的限度以内。负反馈是稳定性的一种源泉，它是反对变革的力量。

原态稳定是生物系统负反馈的例子。原态稳定是将机体内物理和化学条件控制在生物生存所需要的范围内。图2.7显示了如何利用负反馈控制人体温度。

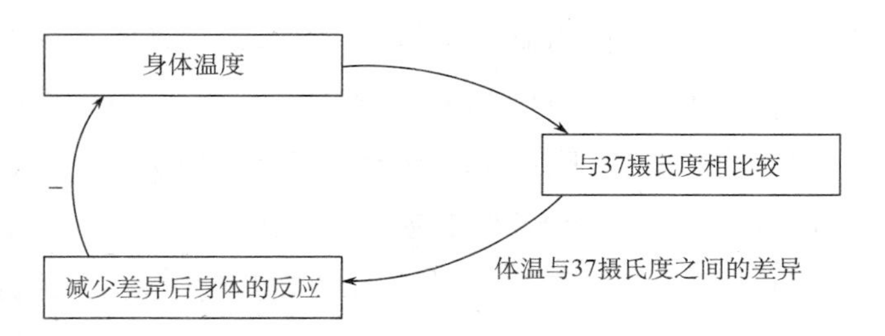


**图2.7 利用负反馈进行的温度控制**

如果体温高于37摄氏度,可通过负反馈来降低体温:减少热量的产生,或者增加散热(大量血液供给皮肤、增加排汗)。

如果体温低于37摄氏度,负反馈可以通过以下方式增加身体温度:增加热量的产生(发抖);降低热量损耗(减少血液对皮肤的供应、少出汗)。保持体温接近37摄氏度是人类生存最基本的需要。

负反馈在社会系统中也是普遍存在的。例如,人们用负反馈来驱动汽车。如果汽车开始偏离道路,你会向反方向驾驶并回到道路上来。换言之,当轨迹开始改变,负反馈会逆转这种变化使汽车返回原来的轨迹。工程师将负反馈使用到机器上,如果飞机出现不适当的下降,飞机里的"自动驾驶仪"可以让它上升,并停留在适当高度。

21

## 种群调节

想象一个没有鹿的森林。然后,一公一母两只鹿来到森林。一年后,它们有了一对小鹿。再过一年后,幼鹿长大可以繁殖了,每对鹿繁殖两只以上小鹿。鹿的数量每年持续翻番,十年以后会有1 000只鹿。鹿需要足够的食物才能生长和繁殖后代。不过,再没有像以前那么多食物了,因为更多的鹿在食用较前相同数量的食物。鹿虽然健康,但也容易感染疾病,这时如果没有足够的食物,甚至会夭折。此外,营养不良的鹿可能只生出一只而非两只小鹿。

这个故事告诉我们，鹿的数量受到食物供应的限制：

- 当鹿的数量增长，食物供应减少；
- 当鹿的数量减少，食物供给增加；
- 当食物供给增加，鹿的出生增加、死亡减少；
- 当食物供应减少，鹿的出生减少、死亡增加。
- 因此，当鹿的数量增加时，食物供应会减少，出生率（新出生数量/总数量）会下降，死亡率会上升；
- 当鹿的数量减少，食物供给会增加，出生率上升，死亡率下降。

### 种群调节和承载力

鹿的故事也适用于包括人在内的所有植物和动物。为什么植物和动物种群呈现这样一个丰富度，而不是更多或者更少？对此的解释就是*种群调节*。种群调节是用负反馈进行调节，其对环境资源的使用保持在环境*承载能力*的限度之内，是植物和动物种群长期（可持续）生存的基础。由于维持数量的资源是有限的，没有种群能长期超过环境的承载能力。 22

图 2.8 显示了正反馈与负反馈如何影响种群。随着正反馈循环的进行，数量增长会导致更多出生，由此增加了更多数量。随着负反馈循环的进行，数量增长、食物供应减少，较少的食物意味着更多的死亡和更少的出生。 23

图 2.9 显示了附近的一个负反馈调节的人口承载能力。如果植物或动物在种群里的数量低于承载能力，出生率会高于死亡率，种群数量会增加直至达到承载能力限度。如果种群数量高于承载

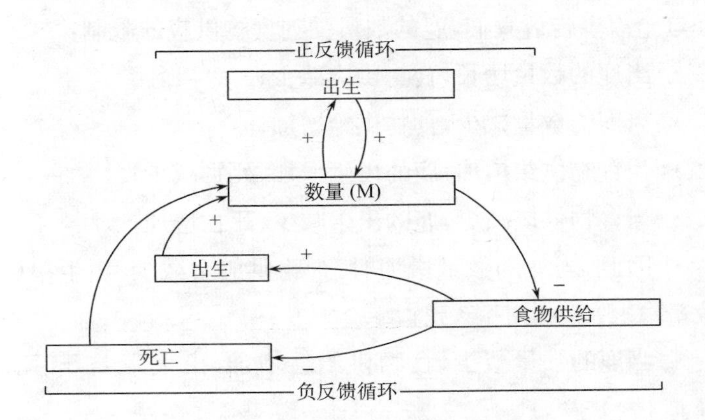


**图 2.8　通过食物供应进行的种群调节**

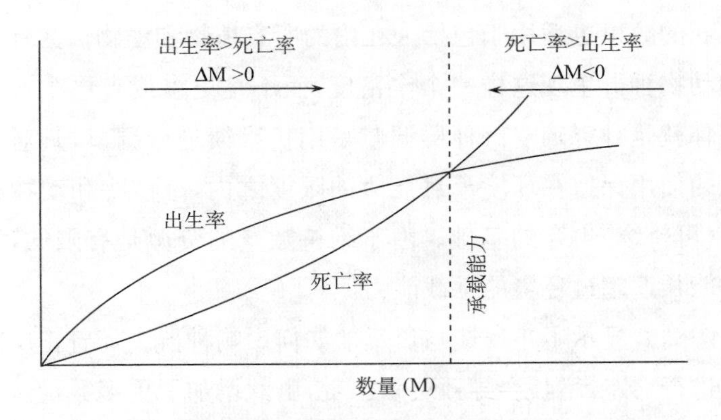


**图 2.9　种群数量变化与承载能力的关系**

力，死亡率会高于出生率，种群数量会下降直至达到承载能力。一旦种群数量接近承载能力，出生率大体上等于死亡率，种群也就没有太大变化。

再回到鹿的故事。图 2.10 显示了第一个 10 年发生的变化，开始几年鹿种群的规模比较小，N/t（每年鹿种群数量变化）变化很小；在第 9 年时，鹿种群数量增加，N/t 变化较大；但是种群数量增长不能永远持续下去。在未来 20 年会发生什么变化？

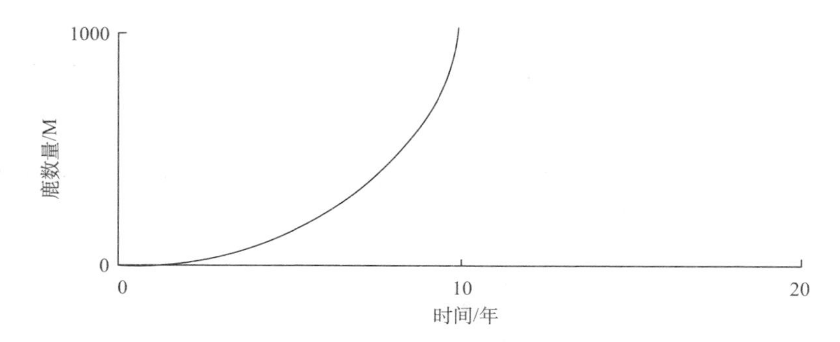


**图 2.10 从一对鹿开始的鹿种群增长曲线**

一个"S"型增长曲线（图 2.11）通常可以表现鹿或任何其他植物和动物种群开始在一个新地方生存的状况。曲线第一部分的指数增长是因为种群调节起作用，曲线第二部分是植物或动物数量接近承载能力时负反馈开始掌控局面。在许多情况下，群落数量逐渐增加，然后在邻近承载能力周边起伏变动（图 2.11 实曲线）。但负反馈不能准确显示承载能力，因为：

负反馈并非高度精确；除了粮食供应以外的其他因素也可能会影响出生和死亡，有时种群数量增长如此迅速，以致负反馈来不及停止增长时就超过了承载能力（图 2.11 虚线）。如果种群数量过剩，通常会严重消耗食物，这时负反馈会形成更多死亡 24

和更少出生，并使数量迅速降低到承载能力之下。

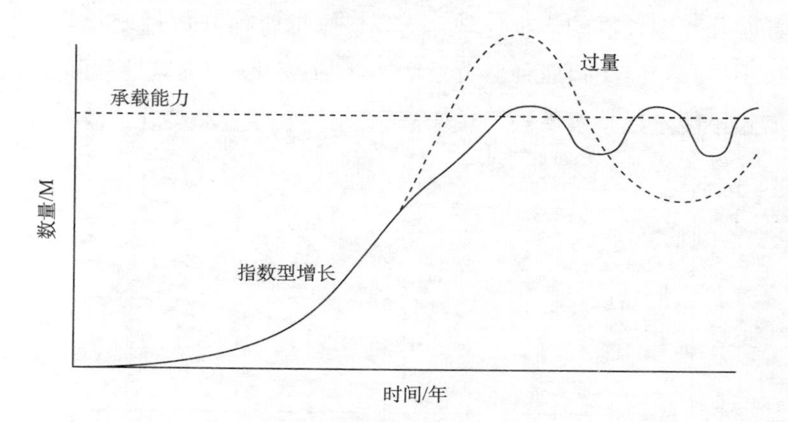


**图 2.11　种群数量增长与调控的"S"型曲线**

## 正反馈和负反馈的实践例证

每一生态系统和人类社会系统都存在大量正反馈与负反馈循环，两种反馈不可或缺。负反馈提供了稳定性，它在使系统的运行维持在正常功能限度内方面发挥重要作用，并在必要时提供承载能力指向。所有的生物系统——从细胞和生物个体到生态系统和社会制度——的发展和增长，都是建立在正反馈和负反馈的相互作用之上。生态系统和社会制度能够大体上保持长期不变，但有时它们也会发生戏剧性的变化。在促进变革力量和保持稳定力量之间存在适当平衡，这就是具备最佳功能的时期。

人们不断将变化的力量与稳定的力量相互作用。人们依靠负反馈进行“善后处理”，保证在大部分时间里各功能运转顺利。当人们设法改善他们的处境（“发展”或“解决问题”）时，可以利用正反馈达到目的。然而，除了服务于人们之外，正反馈与负反馈也会与人们作对。有时候，人们试图改变事情或解决问题，但是不管它们怎么做，都不会有所改善，因为它们违反了负反馈以至于负反馈阻止了他们想要的改变的发生。另外一些时候，人们希望事情不变，但在正反馈的作用下一些看似无害的行动使得他们不想要的变化发生。如果我们注意社会系统和生态系统中的正反馈和负反馈，我们就可以把它们为我所用，而不是同它们作斗争。以生态系统为例，这就意味着要使我们的行动符合自然法则，这样自然就会正常运行。“按照自然规则办事”的具体含义将会在接下来的章节继续阐述。

25

## 需要思考的问题

1. 思考在你的社会制度中，不同层次的社会组织中的正反馈例子：家庭和朋友、邻里、城市、国家和国际。绘制图表显示效应链（如反馈循环）。这些反馈循环是否引起了突然的变化？
2. 思考最近几年在你的社会系统或生态系统中一个事物取代另一事物的例子。画图来说明影响和反馈循环引起的替代链。
3. 思考在你的社会制度中，不同层次的社会组织中的负反馈例子。绘制图表来说明循环的效应链。

4. 图 2.10 显示了“鹿的故事”中前 10 年发生的事情。比较第一年 $\Delta N/\Delta t$(当鹿的数量很少时)和第 10 年的 $\Delta N/\Delta t$(当鹿的数量相对较多时)。在哪个时期 $\Delta N/\Delta t$ 比较大？前 10 年的图表反映了数量怎样的变化？当数量很少时,是正反馈还是负反馈主宰了图表的形式？这种数量的变化趋势会永远持续下去吗？在图 2.10 上绘制续图来说明未来 20 年你认为会发生什么变化。鹿的数量多时还是少时,负反馈是重要的？
5. 对于以下阐述的问题,思考一下在你的国家或社区发生的例子：
   - 使用正反馈达到了期望的变化；
   - 尽管努力抑制改变,正反馈还是引起了不想要的变化；
   - 负反馈使事物保持人们期待的原样；
   - 负反馈阻碍了事情变化,这是人们不想要的。

（韩青译　顾朝林校）

# 3 人类系统

26

根据考古发现，大约 300 万年前原始人类（能人）出现在非洲，他们使用简单的石器工具。至少 100 万年前人类（直立人）在欧洲和亚洲开始扩张。大约 130 万年前现代人种（智人）在非洲出现，并且此后很多年一直生活在非洲。智人扩展到欧洲、亚洲和澳洲大约是在 4 万—5 万年前。众所周知，生活在西半球的原始人类是在大约13 000年前从亚洲迁移过去的。

智人至少已经延续了 6 万代，那个时期整个地球的人口可能都不到 1 000 万人。大约一万年前，在世界的一些地区人口开始增加，但一直到距今 300 年前，增长都比较缓慢。到公元 1700 年，世界大约有 6 亿人。在 1700 年以后，经过 12 代的繁衍，人口已成倍地增加至 60 亿。

为什么在过去相当长的时期内人口只是小有增长，而在刚刚过去的几个世纪里人口却增长得如此迅速呢？难道是现代科学技术使人类从种群调节和承载力的限制中解脱出来了？本章聚焦人类史，从采集狩猎者为代表的那个时期开始，到农业革命蔓延全球、人口进入全面扩张的过程，然后是工业革命后人口的爆炸性增长。最后对未来进行展望。

# 人　类　史

## 从采集狩猎到农业

现代人类的身体和心理能力，还有他们在生态系统中的地位，27 早在几万年前人类作为狩猎采集者时就确立了。在人类生活的自然生态系统中，包含名目繁多的植物和动物，其中只有一些适合作为人类的食物（图 3.1A）。凭借狩猎和采集技术，人类只能捕获生态系统中的一小部分作为食物供自己消费。自然界对人类的承载力与对其他动物一样，人类的数量始终没有超过其他动物的数量。人类在自身生活的生态系统中消耗的生物生产量可能只占生物生产总量的 0.1%。

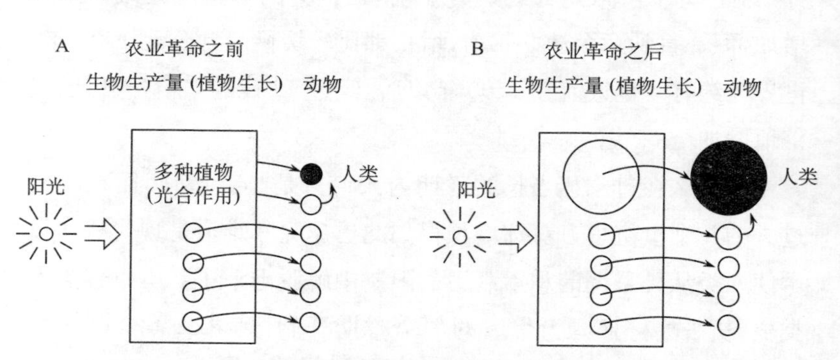


**图 3.1　生态系统食物网中植物和动物之间生物生产量的分布**

农业革命改变了一切，它使人们能够创建自己的小型生态系统来生产粮食。大约 12 000 年前农业在中东地区初现雏形。人们在其住所附近种植一些植物,这样使食物更容易收集。根据物种特性,他们最终选择其中一些植物种植,这些植物要么可食用的部分较多,要么易于消化吸收。他们还驯养一些野生动物作为食物。这样人们就能提高生态系统中供人食用的生物生产量的比例,生态系统对人类的承载力随之增大(图 3.1B)。

农业革命始于中东地区,因为该地区可供种植的植物和可供驯养的动物最多。在世界上所有的物种中只有几百种植物和数十种动物适合驯化,它们几乎都是 5 000 年以前才被驯化的。在过去的 5 000 年中,世界上没有新的作物或牲畜被驯化,未来也不用期待。在世界上的一些地区,如澳大利亚和撒哈拉以南的非洲,几乎没有动植物可被驯养。从别的地区带来被驯化的动植物以后,这里的农业才开始。 28

为什么人类等这么长时间才开始发展农业?人们必须为形成和维持农业生态系统付诸努力——准备土地、种植作物、照顾作物、铲除杂草,并且使其远离昆虫和其他以之为食的动物,这比起狩猎采集需要更多的劳动力。如果人们不需要农业,他们就很可能在没有农业的环境下生存,靠天吃饭是非常方便的。然而在 12 000年前,当中东地区气候迅速干旱降低了生态系统的生物生产量和对人类系统的承载能力时,那里的居民可能觉得有必要寻找新的方式以生产更多的食物。

在几千年的时间里,农业经过中东扩散到亚洲、北非和欧洲,并出现在中国、北美洲、中美洲、南美洲和新几内亚。这些地区的人口随着农业的发展开始增长(公元 2 年,图 3.2)。粮食生产技术的改进在不同时间、不同地点发生,所以任何一个地方的人口承

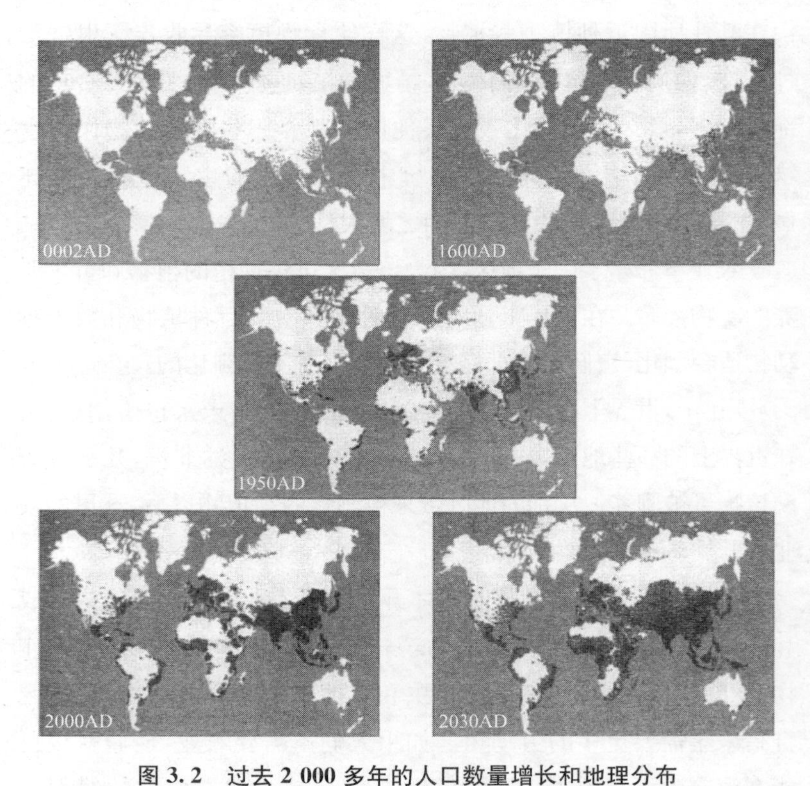


**图 3.2　过去 2 000 多年的人口数量增长和地理分布**

资料来源：World Population's Video, Zero Population Growth, Washington, DC.

载力都在逐渐增长(图 3.3)。在过去几个世纪里，农业技术中任何显著的改进都引起承载能力的快速增长，区域中人口的数量也在几个世纪的时间里达到新的承载力上限。一旦人口再增长，人们就会感受到粮食供应的压力。这种压力被称为*人口压力*，这又会激励人们进一步改善农业技术，或向邻近的其他人群学习更具生产性的农业技术。这使得人口承载力继续提高，在人口和技术的正反馈循环中人口数量也在继续增长。

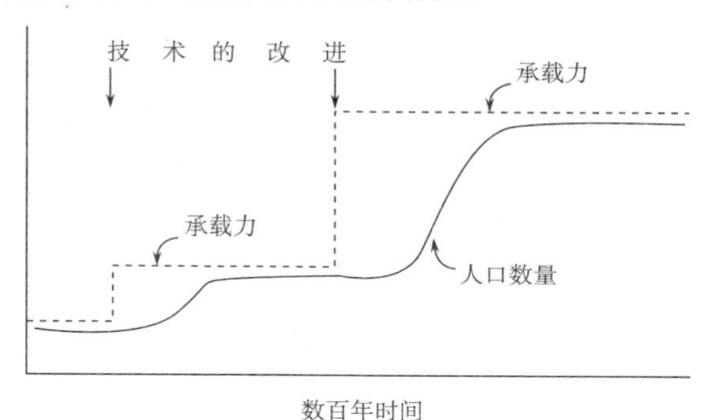


**图 3.3 人口数量和承载力的周期性增长**

人类对农业产量逐步增加的需求，通常促使人们付出更多的努力去塑造生态系统，以便获得更多的生物生产量供人类消费（图 3.4）。29 这就是“天下没有免费的午餐”原则。每个选择都有其优缺点，因为每次获得都要付出成本。人类需要更多的粮食，也就需要从事更多的生产。

在农业革命以后的一万多年里，地球的人口逐渐增加（图 3.5A）。印度和中国的沿河流域拥有最多的人口。在此期间，中东和欧洲的人口也在大幅增长。14 世纪，当黑死病席卷整个亚洲和欧洲时，世界人口下降了 25%；但在 15 世纪，人口很快又恢复到原来的数量。在欧洲，有限的人口承载力使人们进一步感觉到了人口的压力。但到 16 世纪，通过强大的欧洲殖民活动和贸易，情况发生了变化，资源供应的增加提高了欧洲的人口承载

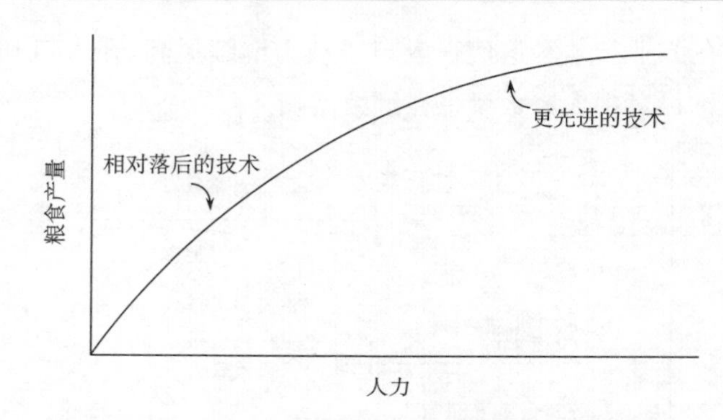


**图 3.4　人类努力改进技术以提高粮食产量**

30 力，使欧洲人口又开始增长。18 世纪以来，蒸蒸日上的工业革命势头更加提高了人口承载能力。

## 工业革命

工业革命对农业有重大的影响。高产作物如小麦、玉米、土31 豆、红薯和大米，以前仅限于它们的起源地，后来才随着欧洲各地的贸易和殖民活动很快向世界传播，提供给全世界农民一个可供选择的高产作物“清单”。机械化使农民塑造生态系统的能力超过了以往只有人和牲畜的农耕时期。科学革命伴随着工业革命而到来，新的农业生产技术使得农业产出进一步增加。人类能够获得生态系统中更大比例的生物生产量用于消费，承载能力又提高了。自工业革命后，承载力更大、更持续的发展使得地球的人口在过去 250 年里成倍地增长(图 3.5)。

工业革命之前的人口出生率很高。大家庭有助于满足农业生

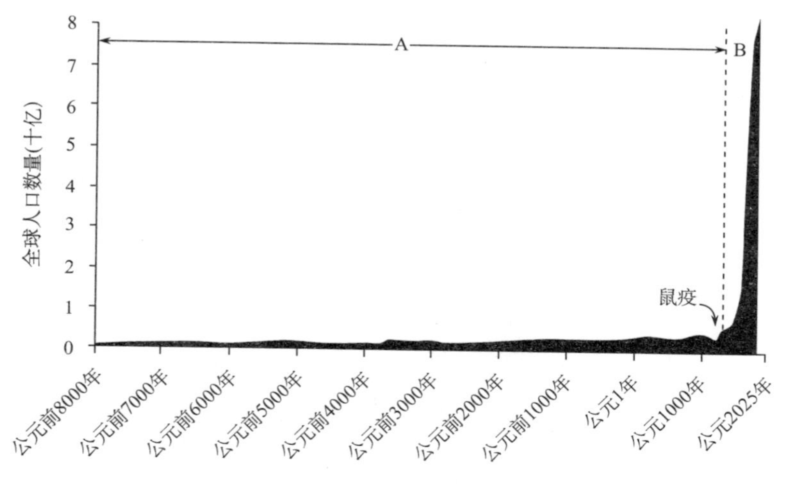


**图 3.5 1 万年来人口的增长**

资料来源：Adapted from Population Reference Bureau(1984)*World Population: Fundamentals of Growth*, Population Reference Bureau, Washington, DC.

产对劳动力的需求，儿童得到照料生存率提高也可以使父母在晚年得到照顾。自从科技革命之后，公众的健康状况得到改善，工业化国家的死亡率大幅降低，而出生率仍然很高，所以人口迅速增加。到 19 世纪，由于城市化进程加速儿童生存率提升，不再需要大家庭来满足生产需求，于是人们采取各种方法限制家庭规模，出生率开始下降。在 19 世纪以及整个 20 世纪，工业化国家的人口持续快速增长（图 3.6；将之与图 3.2 中公元 1600 年和公元 1950 年相比较）。然而到 20 世纪末期，工业化国家内部的人口增长率几乎都降为零。一些工业化国家的人口增长主要来源于其他国家的移民。 32

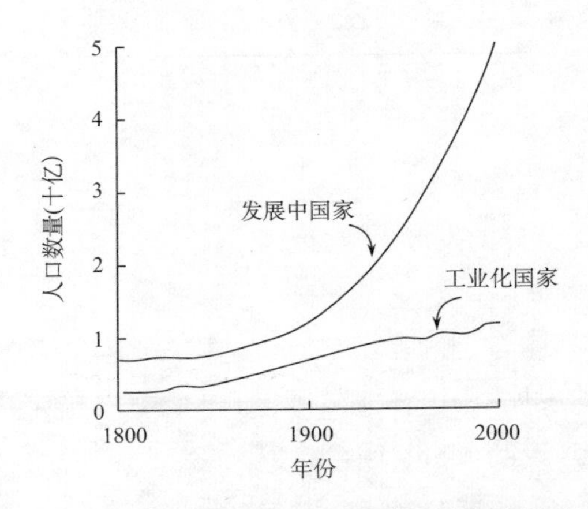


**图 3.6 1800—2000 年工业化国家和发展中国家的人口增长**

资料来源:Data from Population Reference Bureau,Washington,DC.

人口老龄化最近成为工业化国家的主要问题。社会的人口结构由快速增长的拥有高比例年轻人口的结构向增长缓慢或根本不增长的拥有高比例老年人口的结构变迁。这就减少了具备经济生产能力的年轻人的数量,特别是与退休后需要年轻人赡养的老人的数量相比。“老龄化”在日本已经形成,在欧洲和北美洲也已开始。预计几十年后,也将成为发展中国家的主要问题。在人口“老龄化”的国家中,一些人认为应该提高生育率以保证有更多的年轻人赡养老人。这是一个行动方案,其短期利益将加剧长期人口过剩问题,导致未来有更多的老人需要赡养。许多工业化国家如日本,已出现人口和消费水平大大高于他们本身能够提供的资源的情况。他们几乎没有意识到他们超出承载力的程度,因为他们特殊的经济地位使他们能超越自己的国土范围而获得大量的资源。

在20世纪，当人口出生率居高不下而现代公共健康又使得死亡率大幅下降时，发展中国家的人口开始快速增长。目前世界人口的增长大部分源自发展中国家(图3.6；对比图3.2中2000年与1950年的变化)。大量人口从拥挤的发展中国家迁移到北美、欧洲 33 和澳洲以寻求更好的发展机会。大约20年前，发展中国家一些地区的出生率开始下降，但许多地区的出生率仍然较高。即使出生率大幅下降，发展中国家的人口在未来的几代还将继续增加(图3.2中2030年)。发展中国家的人口中年轻人占了很大比重，即使家庭规模不大，由于育龄人口基数很大，所以出生人数仍将大大超过老年死亡的人数。

## 绿色革命

最近一次的人口承载能力的提高开始于大约40年前的绿色革命，它利用现代植物育种技术创造高产品种的水稻、小麦、玉米和其他农作物，从而提高粮食产量，应对发展中国家迅速增加的人口(图3.7)。如果新品种有理想的生长条件，如进行充足的灌溉、优化施肥以及施用化学杀虫剂减少作物危害，农作物高产就有可能。灌溉被大规模使用，尤其是在半干旱地区，灌溉不仅提供了农作物高产所需要的水分，也使得农民在旱季种植其他作物成为可能。有些农作物新品种成熟快，这样农民就能够在一年内种植多季作物。需要产出更多的粮食，就意味着投入更多的生产——“天下没有免费的午餐”。虽然发达国家的现代农业使用消耗石油能源的机械力帮忙，但世界上许多发展中国家没有实现机械化的家 34 庭仍然必须长时间劳作，才能在他们有限的土地上生产出足够糊口的食物。

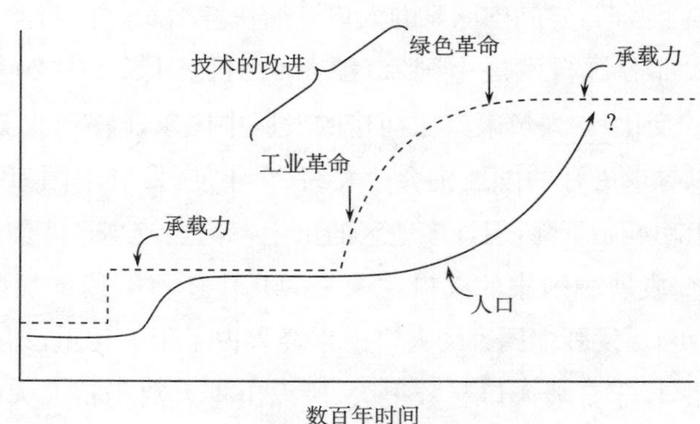


**图 3.7 工业革命以来人口和承载力的增长情况**

自从农业革命以来，人类通过逐步集中地球的生物生产量供人类食用，将其承载力提高了 1 000 多倍。我们是否还可以期待再一次的农业科技革命以达到比今天更大的人口承载力？答案很可能是否定的。通过更全面地进行绿色革命是可能实现粮食生产的适度增长的，尤其是在非洲。转基因作物和牲畜可以使粮食产量超过绿色革命成果的 20%。没有人知道农业科技不可预知的进展是否能够使粮食产量的增长超出我们的想象，但在现有的技术水平上，未来似乎难有进一步的提高。

最近数十年来，许多农业生产的成果可能就是不可持续的。粮食生产的增长，一方面主要是由于农业在土地上的扩张，另一方面或是由于利用了地下水灌溉；从长远看来，获得这些收益的环境成本很高，对农业的长期发展无利，因为这会很快耗尽资源。在绿色革命中，化学肥料和农药的集中投入也污染了农业地区的水资源。转基因作物或牲畜对人类健康和环境可能造成意想不到的不利影响。例如，最近发现玉米花粉基因已被修改用来杀死害虫，但这种花粉也可能飘出玉米地而毒死蝴蝶。

过去在农业生产中取得的成果，主要是通过提高我们对地球生物生产量的使用份额（图 3.8），而不是通过增加生物生产量本身。人类没有能力显著提高地球的生物生产量，产量主要取决于区域气候和太阳到达地球的热量。在人类消费的生物生产量比例上，我们也没有更多的空间可以增加，因为我们已经控制了地球陆地生物生产量的将近一半。没有人确切地知道地球究竟可以在可持续发展的基础上养活多少人，但很明显是有一个限度的，而且人类似乎已经接近了这一限度。 35

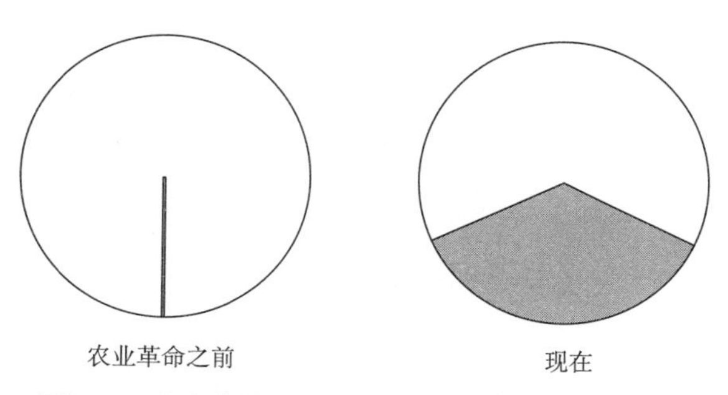


**图 3.8　由人类控制的陆地生物生产量的近似比例**

## 种群调节的社会机制

第 2 章引用了鹿的数量受食物供给限制的例子。既然动物的种群受到它们的食物供应的限制，为什么大多数野生动物看起来很健康而且营养充足？答案在于，许多动物种群数量低于其环境承载力。承载力是一个上限，即对于所有生物种群来说食物供应是一个限制。但常见的方式是通过生态力量将种群数量调控在食物供应的限制之内，而不是通过使其遭受营养不良或者饥饿的方式。食肉动物如狼和山狮捕食鹿，使鹿的数量减少到低于其承载力。因此，有食肉动物的地方，鹿就有充足的食物，并且它们都很健康。不幸的是，在许多地区人们都想灭绝食肉动物，因为大型食肉动物捕食牲畜。一旦没有了食肉动物，鹿自然就多起来，在冬天食物供给缺乏时，它们中的大部分就会饿死。

根据食物供给量得到种群规模上限，但捕食因素并不是使动物种群数量低于这个限度的唯一方法。许多动物都有社会机制来防止数量过剩。当鸟为繁衍而交配时，每种鸟都会选择一个广阔的地域范围以便远离同种鸟类所选择的地方。由于进化的结果，鸟类选择的地方足够大，它能为繁衍后代和哺育幼仔提供充足的食物空间。如果一个种群的鸟没有足够的空间，那么相对空间来说多出的鸟就不会再有地方交配繁衍。此外，如果食物变得稀少，鸟类还有生理反馈机制使其减少产蛋量。有些鸟的种群甚至通过社会机制来评估它们的数量，如果它们的数量已经过大，就会通过荷尔蒙反应减少产蛋量。

其他许多动物，以及人类都有类似的社会机制，可使其数量保持在食物资源的上限之内。今天人类属地的进化起源和其在人类社会中对人口的调控功能，都可以在猴子和类人猿的社会行为中观得一二，它们小群聚居，并排除同类的所有其他个体进入其领地范围。尽管猴子和类人猿之间的具体社会架构区别非常大，但雄性对另外一个群体的敌对很常见，如果有机会，它们就会杀害另一个群体的幼仔。当食物充足时，雌性会带着幼仔留在领地内，这样它们就会避免来自邻近其他部落的攻击危险。但是，如果食物短缺，雌性就被迫在其领地边缘附近寻找食物，而这样它们的幼仔成长的环境就很脆弱。此外，雌性在压力之下往往忽视对它们后代的培育。因此，当领地内食物需要太多而不能满足时，幼仔死亡率就会上升，总量也随之下降。这是一个负反馈循环，使总量保持在食物供应的上限之内。

图 3.9 显示了传统人类社会为了使人类免受饥饿痛苦，使用负反馈使其数量低于承载力。当人口增长接近其承载力限度时，土地、粮食、灌溉水或其他资源就会短缺；人口的增长使资源减少，这导致人类通过减少生育或增加死亡（通常是婴儿死亡）来降低人口数量。在许多社会，特别是在岛国，如图 3.9 所示的负反馈循环是一种有意识的行为。在其他社会，减少出生的机制可能是文化结构的一部分，虽然不是有意识地将人口和承载力连接起来。无论具体情况怎样，负反馈循环很强大。高死亡率——基于原始人类生命是“短暂而野蛮的”这一印象——不足以解释过去 5 万代人

37

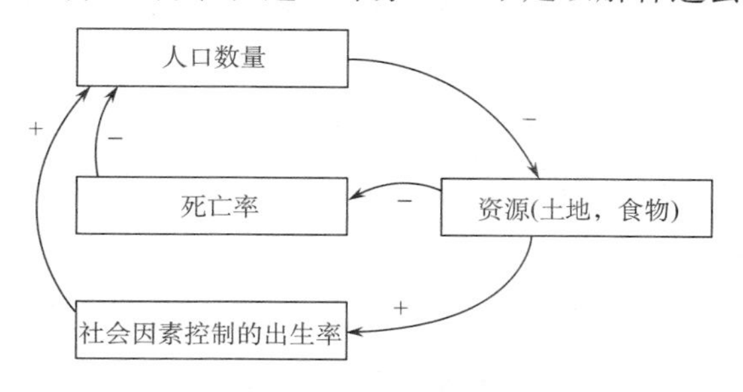


**图 3.9 社会控制的人口负反馈循环**

极低且缓慢的人口增长。

过去的人类生活在小规模的领土范围内，有很多传统社会的领土规模和今天的规模差不多。小规模领土内的居民对当地区域和可以支撑的人口数量有一个很详细的了解，所以采取传统的生育控制方法来限制他们的人口。母乳喂养对控制生育作出了重大贡献，因为妇女通常在照顾婴儿期间节育，在一些习俗中，她们在这期间要和自己的丈夫分开睡。母乳哺育婴儿3—4年的传统习俗为儿童提供了一个自然空间。不幸的是，这一习俗正在消失，已被现代母亲用奶瓶喂养婴儿所取代。

在某些社会，婚姻结构也是传统人口调控的一种办法。例如，在一夫多妻的社会——传统人类社会组织的一个共同形式——丈夫与他的妻子轮流进行性生活，所以每个妻子每2—3年才会怀孕一次。一夫一妻制社会中所继承的传统社会习俗对婚姻和出生率有重大影响。例如在一些文化中，只能由一个儿子继承家庭财产。继承财产的儿子有能力负担结婚的开销，但没有继承财产的其他儿子则没有这个能力，这就导致了很多女人未婚，她们没有孩子——这与鸟儿类似，没有固定地方的鸟是不会繁殖的。

传统社会还利用草药避孕或诱发流产。一直到20世纪，溺婴在世界上都是常见的，现在在某些地区仍然很普遍。为了给已有的子女留有空间，或是避免他们因贫困和粮食短缺而无法得到照顾，人类往往杀掉不想要的婴儿。在一些习俗中，女孩的社会价值不如男孩，杀婴主要是针对女性的做法，这对减少繁殖后代的能力要比杀害男婴更有效。根据最近的辨认未出生婴儿性别的新技术，堕胎在一些地区也是针对女性。现代避孕方法作为计划生育的一种方式成为堕胎和溺婴的替代品。

领土纷争在人口调节上发挥长期作用。例如,如果一个村庄的人口接近了资源的上限(例如食物、土地或灌溉水缺乏),他们可能会尝试使用邻近村庄的资源或是使用与邻近村庄交界处但所有权不明的资源,这可能引发出生率减少的效应链。领土纷争时期情绪可能很高涨,尽管死亡通常不多,但暴力并不罕见。在所有的社会,无论是过去还是现在,领土纷争时期生育率往往下降,因为夫妇总是想等到"更好的时间"再来抚育后代。一些传统社会在冲突期间禁止性生活。 38

领地归属权仍然是一个人在现代社会行为中显著的部分,最重要的领土是国家的领土。然而,大多数国家领土都太大,过去小规模领土范围内所用的人口与承载力之间的负反馈循环在这样大的范围内不再适用。特别是如果国家从自己疆域范围外进口大量的粮食,整个民族的承载力就变得不那么显而易见了。与在范围内保持一定的人口规模相反,现代国家往往鼓励人口增长,这是因为人口多能带来军事优势。当国家使用现代化武器和训练有素的军队将领土纷争升级为战争,杀害数千甚至数百万人民,而不是像过去一样提供生态效益,这时领土的行为比起原有的功能就变得更加有悖常理。

## 人口爆炸和生活质量

生态系统能够为人类提供食物和其他必需品的能力是有限

的,今天大众的生活质量也因此受到严格限制。地球上的土地和水资源根本不够这么多人使用。最近几十年城市的快速增长激发了对周边生态系统强烈的物质和服务的需求。在许多发展中国家的城市里其后果尤其严重,住房供给、安全供水、垃圾收集、污水处理及其他基本服务已经严重滞后于不断增长的人口。随着人口以惊人的速度增长,共创美好未来的前景逐渐暗淡。

39 人口过剩最严重的后果是对生态系统中食物的大量需求。当人口超过其承载力,每个人都不会有足够的食物(图 2.11)——这是一个完全不可能被更公平的粮食分配所解决的问题。人口过剩会通过生态系统和社会系统产生效应链来解决,局势恶化会降低而不是提高承载力。当食物短缺,人们被迫在不适合耕种的土地上种植庄稼或放牧牲畜以提高食物产量,或过分集中使用土地,导致土地生产力不可持续时,上述情况就会发生。水土流失、土壤肥力下降、有毒化学物质累积和其他形式的损害,会导致粮食生产——和承载力——在粮食供应不足与土地使用不当的恶性循环中下降(正反馈循环)。

当上述情况发生时,通常人们就会迁移到另一个条件相对较好的地区。发展中国家有数百万环境难民已经转移到城市,因为他们再也不能在家人世代居住的农村地区生存。如果人们既不能迁移,也缺少钱财从其他地方购买食物,营养不良就会导致死亡人数增加(尤其是青少年),人口总量就会下降,这与鹿群超过承载能力后数量下降一样。这一严峻的情况不是假设,它过去在地方层面发生过数千次,而且最近在非洲的一些地区也有发生。现今在亚洲山区,很多人在相对贫瘠的土地上种植粮食,导致饥饿现象的逐渐消失和土地退化现象的产生。

即使在饥饿不成为问题的地区，不得不生产更多粮食的社会成本也将进一步高到难以想象。高产品种需要化肥和农药，比起绿色革命以前人们种植的适合当地特性的传统品种来说花费更高。如果产量足够高的话，这些花费是值得的，但高费用常会使农民深陷债务。农民因债务失去土地，富裕的农民或农业企业则需要更多的土地，这使得经济平等在全球范围内下降。绿色革命中大部分粮食产量的增加是通过一年多季种植作物达到的，这导致了另一种社会成本，即需要相应地投入更多的耕作，对社会系统造成了严重的影响。绿色革命农业对劳动力的大量需求减少了社会活动的时间。在繁忙的劳动季节，大家没有时间帮助邻里，也没有多少时间用于社区项目，例如修建梯田或灌溉沟渠，或为新婚夫妇修整房屋（在某些地方这一个习俗仍然沿用）；同样也没有多少时间用于促进社会团结的宗教或其他的节日活动。 40

人口过剩加剧了对有限资源的竞争。对共享资源的争议现在已是司空见惯，例如对流经几个国家的灌溉用水、发电用水力或超出一个国家范围的“外延经济区”的海洋资源（320 公里以内的海岸线）的争夺。过去因宝贵的自然资源的纠纷已引起多次战争，预计未来对有限资源的争夺会更加剧烈。然而，目前的暴力主要是国家内部不同族群为争夺同样的资源而引发的冲突。最近几年，战争已经扩散到世界许多地区，这些冲突中的一个主要问题是资源是否会被多数民族群体控制，或被控制国家的权力精英控制，或是被住在该地区的人控制。

应对人口爆炸我们可以做些什么？本章主要说明，地球上的人口正在迅速接近人口承载力上限；而在可预见的未来，人口承载力不会大幅提升。虽然人们尽最大努力试图使人口舒适地保持在承载力范围内，但人口爆炸的势头已将这种可能性排除了，我们的最大希望就是尽快地减缓人口增长。由于目前世界人口增长主要是发展中国家的人口增长引起的，所以制止人口爆炸关键在于这些发展中国家。

有这样一个普遍的原则，即发展中国家出生率的下降一定发生在经济发展之后，如同工业化国家的经济发展一样。然而，最近的研究表明，欧洲出生率的下降更多的是与计划生育手段的使用、对家庭规模态度的改变，以及节育措施的社会接受度相关。一些发展中国家的最新趋势也表明了相同的结果。特别是对女性来说，经济发展和教育水平提高有助于出生率的降低，但是没有必要为此等待。不论贫富，许多发展中国家的女性都希望通过及时的手段达到计划生育的结果。她们最需要获得现代节育方法以及指导使用的有效信息。

41

## 需要思考的问题

1. 查找100年前你所在国家的人口数据。现在的人口数量是多少？出生率和死亡率是多少？现在的出生率和死亡率与100年前的出生率和死亡率的关系是什么？
2. 你认为你所在地区（或国家）能够支持多少人口生活？你所在地区的现状人口是否过少或过多？还是合适？你所在国家的情况又是怎样的？人口过多或者过少有什么好处和坏处？人口数量与生活质量之间有何种关系？

3. 今天发达国家面临着“老龄化”的问题。少数适龄劳动力供养大量的退休人员成为一种趋势。有国家考虑通过鼓励生育的政策来增加劳动力。你认为这个思路怎么样？你还能想到别的应对“老龄化”问题的解决途径吗？
4. 当人口数量超过承载力的时候会发生什么？试举出具体的例子。
5. 每年，成千上万的“经济难民”从欠发达国家向发达国家迁移。有些发达国家的人民认为应该限制这种移民，另有一些人则认为世界人口应该能够自由流动。你是如何看待这个问题的？两种政策各自的利弊何在？
6. 控制人口增长的发达国家是否应该向高出生率的欠发达国家提供粮食援助？发达国家是否应该为缺少食物的国家提供援助？

（王春丽译　韩青校）

42

# 4 作为复杂适应性系统的生态系统和社会系统

生态系统和社会系统是复杂适应性系统：称其复杂是因为它们由众多联系紧密的部分组成；称其具有适应性是因为它们面对不断变化的环境具有能够作出调整的反馈结构。在社会系统和生态系统都如此复杂的情况下，我们该如何理解人类—生态系统之间的相互关系呢？答案在于显性属性（emergent properties），即在复杂适应性系统组织过程中出现的独特特征和行为。一旦注意到显性属性，想要"认识"事物就变得非常容易。显性属性提供了认识可持续发展的可能性，因此是理解人类—生态系统相互关系的基石。本章从解释显性属性这一概念开始，然后具体描述有关显性属性的三个具体案例：(1)自组织；(2)稳定域；(3)复杂系统循环。最后描述生态系统和社会系统的显性属性。

43

## 等级结构组织和显性属性

生物系统是按照等级结构进行组织的，组织层次从分子、细胞、个体有机体、种群到生态系统。每个个体的动物和植物都是细胞的集合；每个种群都是同种个体有机体的集合；每个生态系统都是不同种群的集合。人类生态学的生物组织中最重要的级别是种群和生态系统。

从分子到生态系统，每一层级生物组织在这一等级都有各自的特征行为。这些被称为显性属性的专门行为在各自的等级范围内具有协同功能，从而使得该等级生物组织总体远大于部分之和成为可能。之所以会出现这样的生命状态，是因为在使整个系统作为一个整体的过程中所有的部分互相配合，按一定方式发挥各自的功能，促进整个系统幸存下来。因为系统内各部分相互联系，每个部分的行为都受到系统其他部分反馈循环的影响。正反馈和负反馈共同运作促进系统作为一个整体得以增长和变化。

显性属性很容易在不同的有机体中被感知。以简单的有机体——水母为例，我们能够清楚地看到它的基本显性属性，例如生长、不同器官和组织的发展、体内平衡、繁殖和死亡。随着有机体复杂性的提高，显性属性的表达也趋于丰富，例如，视觉是一种显性属性，对颜色的感知也是，视觉形象不是有机体所包含细胞的属性，而是在整体层面所反映出来的属性。同样，恐惧、生气、焦虑、憎恨、幸福和爱这些情绪也都是显性属性。

种群和生态系统不是有机体，然而它们的一些显性属性可以与有机体的显性属性进行类比，因为它们都可以用“生长”、“调控”或者“发展”来描述。种群增长的“S”型曲线、种群调控、遗传进化和社会组织都是组织的种群层面显性属性的例子。它们都不是种群中的个体所具有的属性。它们作为种群的专门特性，主要在于种群中的个体都受到种群作为一个整体所表现出来的特征的影响。以种群调控为例，个体动植物都是有可能长 44

寿、繁殖大量后代的。然而,每个个体的实际寿命和繁殖力取决于种群中现有个体总数以及与承载力之间的关系。如果种群数量超过承载力,部分个体就要被迫死于食物短缺。这样的结果就是在承载力范围内的种群调控——种群的一种显性属性。

我们再来看生态系统的显性属性。生态系统的各组成部分均受限于它与其他组成部分的关系。在一个生态系统中,生物群落中所有物种的承载力总和是生态系统整体的显性属性,其原因是每个物种的食物供应都受生态系统中其他物种的影响。一个物种的食物供应首先受到生物生产量的影响,其次受到该物种通过食物网渠道分得的生物生产量的影响。后面的章节我们会讨论生态系统的其他显性属性。

生物组织中某个层次的组成部分主要与同一层次的其他组成部分相互作用。它们通过回应其他组成部分产生的信息进行交流。细胞中的蛋白质分子与其他分子之间通过分子的结构和行为交流,而不是与组成分子的原子进行交流。蛋白质在分子层面具有复杂的三维结构,这是它与其他分子交流的基础。当猫抓老鼠的时候,它不是通过处理老鼠身体各部分所发出的信息来确定老鼠的位置,相反,猫是对老鼠的整体层面的关键特征进行反应的,这些关键特征包括体形、大耳朵、长而瘦的尾巴等。猫并不处理这些特征分子结构层面的信息。同样,老鼠对猫也是这样反应的。

生态系统和社会系统有一个共同的显性属性是反直觉(counterintuitive)行为,即做与期望相反的事情。“二战”之后的10年内美国公共住房(public housing)的建设就是一个很好的例子。公共住房的目的是通过建设低收入人群能负担得起的体面住房来达到减贫的效果。然而廉价住房促使低技术素质的人从农村地区迁移到城市，而这些人一般在城市无法找到工作。大量失业人口将公共住房区沦为贫困人口聚居区。这样一来，公共住房的成效就与原本的建设目的背道而驰。究其原因，在于现实不仅受到住房影响，还受到其他社会系统的反馈循环制约。 

森林防火的故事也为我们理解生态系统中的反直觉行为提供了很好的例子。森林管理员尝试通过灭火降低火灾损害，结果造成了更为严重的后果。故事详见第 6 章。

生态系统和社会系统之所以有时发生反直觉行为，主要在于它们身处组织的不同层次而并不知道自己真正所处的层次——无论是生态系统还是社会系统均如此。人们生活空间的局限性决定了人们很难预见他们的行为将对生态系统和社会系统造成怎样的最终后果。我们本身所具有的显性属性——我们的身体、我们的意识以及我们与生态系统其他组成部分和其他人之间的直接互动——是显而易见的，但是我们常常忽视更高层次的显性属性。洞察更高层次的显性属性的难度可以通过想象人体血液中的红细胞得以说明。红细胞在人体的过程中，对身体的其他部分相当熟悉——脑、眼睛和其他器官，然而它对于作为整体的人的理解力、思想、情绪和活动却知之甚少。人作为生态系统和社会系统的一小部分，在理解生态系统和社会系统上也存在同样的困境。

### 社会系统的显性属性

人类社会系统的显性属性对于人类生态来说是非常重要的，因为它们决定了人与生态系统互动的方式。信息扭曲是显性属性之一，它指的是当信息在社会网络中传递时，谬误随之积累。群体游戏“传话”运用的就是这一显性属性。在游戏中，一组参与者中的一位收到一个秘密信息，随后他以暗示的方式将这个信息传递给第二个参与者，以此类推。当信息传递到最后一位时，他与第一个参与者一起公布他们所接收到和理解的信息内容。令大家捧腹的是，即使最后一个人没有撒谎，其所表达的信息在很多方面都错得离谱。

另外一个显性属性是当事实与既有观念相冲突时，人们会否认、不承认或者不接受事实。选择性过滤信息能帮助个人保护他们的既有观念以及分享社会的信仰系统。例如，具有全球性帝权(global empires)的欧洲国家常常对殖民活动中的镇压和剥削视而不见。他们倾向于从动机崇高的信仰角度——向被殖民国家人民传播“先进的”欧洲文明、科技、经济进步和宗教信仰——看待殖民活动。同样，从不可持续的热带雨林砍伐中受益的政府和权力阶级常常愿意相信，小规模耕作的农民是破坏森林的罪魁祸首；尽管在通常情况下，这些农民是以与生态相适宜的方式使用森林资源的。

46

从20世纪50年代到60年代，一些生态学家警告公众关于即将到来的人口过度增长和环境恶化的危险。即使在证据确凿的情况下，大多数人——包括政府官员和有影响力的商界领袖——总是不以为然。当时的社会信仰体系对由科学、技术和自由市场经济所引领的持续繁荣信心百倍。许多人认为对于即将到来的环境问题的警告过于极端。在经历无数环境灾害数十年之后，人们才开始意识到，问题真的来了。由于错过了正视环境问题的时机，这种否认影响了社会系统—生态系统的互动。今天，当包括富有影响力的政治家在内的一部分人，不顾大量证据还在质疑全球变暖的事实时，这种代价沉重的否定仍然在延续，并将造成深远的负面影响。

官僚体制也为人类社会系统的显性属性提供例子。官僚体制的一个显性属性是它在应对非常规状况方面的失效。这是因为官僚体制运用标准的运作程序在大范围的层面上处理问题，因而它可能在应对常规问题上行之有效；但由于官僚体制缺乏适应性，而无法处理非常规的情况。官僚体制的另一个显性属性是事与愿违。为了生存（例如为了保证其在预算中的比重），不同官僚部门之间总是相互竞争，即使这种竞争行为对于整体机构的目标是毫无意义或者是与之冲突的。这就是官僚体制整体层面所体现出来的特征，然而这种特征并非源自官僚体制中的每一个人，那些勤劳的员工可能被迫去做对他们毫无意义的事情。

## 自 组 织

47

为什么生态系统的不同部分之间能够很好地适应呢？是什么负责组织各个部分，使它们之间的功能相互联系，形成反馈循环？或者说是什么使得各部分共同运转？奥秘在于生态系统本身，它自己组织了自己。社会系统也是如此，它们通过构建过程（assembly process）进行自组织，这与我们熟知的生物进化中的自然选择非常类似。

## 生物群落的自组织

生态系统组织的核心在于生物群落——所有生活在生态系统内的植物、动物和微生物。某一地域的生物群落的某一物种是从生活在更大范围内的物种库中自然选择出来的。这些物种的自然选择以及它们融入食物网的组织方式,是通过名为群落构建的程序完成的。"构建"在这一语境下是指"把不同的部分组装起来"。群落构建是生态系统的一种显性属性。

特殊地区的生物群落是动物、植物和微生物长期形成的生物多样性组合。无论一种新的物种在什么时间到达一个地区,只有它的出生率大于死亡率时,物种才能繁衍生存下来。如果新来的物种能够存活,它的数量会呈指数增长,直至达到承载力上限(图 2.9)。通过这种增长方式,新物种就融入地区的生物群落之中。

有三个群落构建原则决定新物种是否能够幸存。新物种为了幸存和融入生态系统需要满足以下条件:

1. 能够适应当地的自然环境,且一年之内能够存活下来。

2. 当地有能促进新的动植物生长和繁殖的合适而充足的食物和水(当物种数量较少时,出生率需要大于死亡率)。对于植物而言,食物是水和土壤中的矿物质和阳光;对于动物来说,食物是它们所能吃的特殊种类的动植物。如果当地的动植物与新物种竞争同一种食物就会导致食物供应不足,新物种就无法存活下去。

3. 如果当地现有动物以新物种为食,新物种必须具备避免被大量捕食的能力方能存活,死亡率不能超过出生率。

下面这个故事说明群落构建是如何实现的。想象一座直径1 000米、火灾后无任何动植物的滨海岛屿，岛上只有草。整座岛屿很快就被草地覆盖。拥有岛屿的农民决定在岛上养羊。岛屿的羊群承载力为50只，因此农民就养了50只羊。

图4.1展示了农民养羊之后岛屿上的简单食物网。

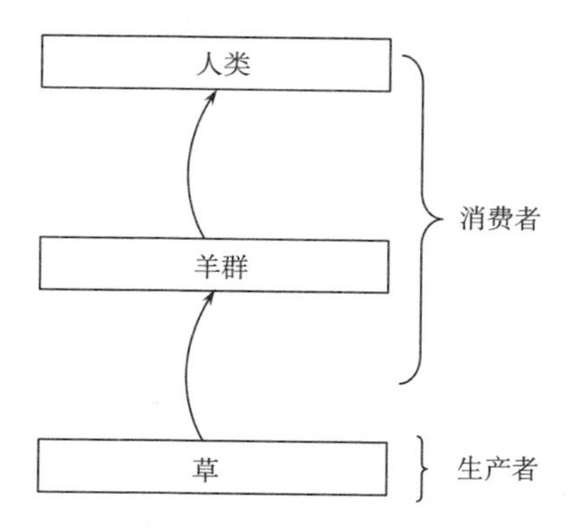


**图4.1　岛屿故事中的初始食物网**

岛屿距大陆1 000米的距离，数以百计的动植物能够借助一些东西（如原木）从大陆漂浮至岛屿。不同种类的动植物在火灾发生后的头几年被陆陆续续地运送到岛上。当这些物种满足以上所说的三个条件时，它们就被加入岛上的食物网中。随着每一种新物种的加入，我们将描绘新的食物网来继续这个故事。

1. 树木的种子到达岛屿。羊群喜欢吃新生长的树苗和小树。树木能存活吗？

2. 野草种子到达岛屿。羊群不喜欢吃野草。野草能够存活吗？岛屿上草的数量有何变化？羊群的承载力有何变化？ 49

3. 老鼠来到岛上。老鼠吃各种野草。老鼠能够在岛上存活吗？草的数量和羊群的承载力有何变化？

4. 兔子来到岛上。兔子吃草。兔子能够存活下来吗？羊群的承载力会发生什么变化？

5. 狐狸来到岛上。它们吃老鼠，却不能吃光，因为老鼠小容易躲藏。狐狸喜欢吃兔子。它们能很快消灭兔子，因为兔子体积大容易被发现。狐狸能够存活吗？老鼠的数量将会发生什么变化？兔子呢？草和羊群的承载力呢？

6. 一种吃树叶的昆虫来到岛上。昆虫能够存活吗？

7. 猫来到岛上。猫比狐狸更喜欢抓老鼠，因此老鼠的数量趋于灭绝，使得狐狸没有足够的食物。然而猫只需要很少数量的老鼠就能够存活。狐狸会怎么样？羊群的承载力会发生什么变化？

8. 跳蚤来到岛上。跳蚤能存活吗？

图 4.2 展示了所有动植物来到岛上之后的生物群落情况。生物群落通过食物网进行组织。食物网是生态系统的另外一种显性属性。每一种植物、动物或者微生物都在食物网中扮演某一特定角色——生态位（ecological niche），这一角色主要由物种在食物网（例如生物群落的某种物种以其他物种为食，同时也为另外的物种提供食物）中的位置决定。生态位也由自然环境决定，例如物种所在地区微环境中的气温和湿度的年变化。

其他来到岛上的动植物很可能没有出现在图中，因为它们无法存活。它们在到来之初无法适应当地的生态群落。这就是为什么生态群落总是有能够适应食物网变化的植物和动物。决定一种新物种是否能够存活的规律同样也适用于生物群落中已有的物

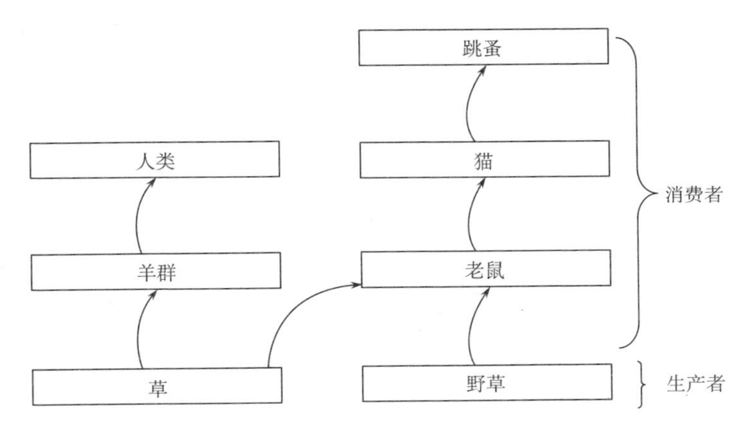


**图 4.2　岛屿故事中最终形成的食物网**

种。当捕食者（狐狸）来到岛上并捕食了过多兔子，以致影响其生存的时候，兔子就会灭绝。当岛上出现高等级的竞争者——猫时，狐狸就会灭绝。最终，对于农民来说（正如草之于羊群），岛上的生物生产量比重随着故事的发展而变化。随着植物和动物不断到来，以及食物网中物种数量不断增加，这个故事将一直继续下去。

在这个简单的小例子中，我们仅仅涉及了植物和动物，而没有涉及诸如细菌和真菌一类的微生物，这类微生物虽然并不引人注目，但是在实际的生态系统中所发挥的作用却同样重大。每个植物和动物都为数以万计的细菌提供了居所和食物。有一些细菌是有害的，但是绝大多数是无害的，甚至对动植物的存在至关重要。微生物在土壤食物网中同样扮演重要的角色。一升普通土壤包含数十亿个细菌，而这些细菌对于整个生态系统的存在是至关重要的。

通过构建过程创造的生物群落从某种意义上来说是一种偶然。它部分取决于何种物种在何时到达岛上。即使我们假设有10座岛屿拥有相同的大陆动植物资源,每座岛屿上生物群落的发展情况也是各不相同的。有些群落可能相似(当然它们不会完全一样),更多的生态群落是截然不同的。然而群落构成中的偶然性并不意味着每一种动植物的组合都是可能的。事实上,由于群落构建仅仅适用于那些相互适应于同一个功能食物网的动植物,所有的生物种群都是所有可能性组合的微小子集。

群落构建过程不仅仅局限于岛屿。它无时无刻不发生在我们身边。世界各地都是一个动植物从邻近地域迁移而来的“岛屿”。世界上大多数区域的生物群落包含数以百计相互融合的动植物种类。

51

## 社会系统的自组织

所有的复杂适应性系统都是自组织的。前面所举的岛屿生态群落构建故事中所表现的构建过程,适用于包括社会系统在内的复杂系统的自组织。

社会系统的构建过程可以用买卖活动来说明。当一个新的买卖启动,其存活与否取决于以下规则:

- 买卖适应社区。
- 有对所买卖的商品或者服务的需求。
- 该买卖能够招徕足够的客户使其赢利。附近没有能够提供同样规模、同样产品或者服务的竞争者导致其产品或服务价格过低,以至于无法赢利。

• 这种买卖有能够满足需求的供应。供应费用不高于利润。

如果与本章开始提到的生物群落的构建规则进行比较，你可能会觉得两套规则之间存在相似之处，也就是说生态系统的组织方式也适用于社会系统。

生态系统和社会系统的构建过程与生物进化之间存在类似之处。生物进化基于基因突变，而在自然选择过程中基因突变将决定物种有没有可能存活下去（一个基因突变即是一个“新来物种”）。由于基因突变是随机的，甚至是毁灭性的，生物进化十分缓慢。只有在少数情况下，足够有利的基因突变才能让物种在自然选择中幸存下来。

人类文化也同样存在进化。文化突变是新理念。当新的理念与其他文化相适应并被证明有用的时候，它们就得以幸存。一个理念是否能够幸存取决于环境。一个新的理念在一时一地的特定文化背景下可能幸存，但是同样的理念也可能由于不能适应其他 52 的文化和时空而失败。由于文化突变不同于生物突变的无序性，文化进化较之生物进化要快得多。文化突变是由于人们想要解决问题才出现的。因此在通常情况下，文化突变本身能够适应并发挥作用，所以能够存活并成为现有文化的一部分。

## 稳 定 域

生态系统和社会系统都会历经反抗变化的力（负反馈）和促进变化的力（正反馈）之间的抗衡。负反馈使得系统的关键部分在作用范围内维持原状，而正反馈提供发生必要的巨大变化的可能性。正负反馈在不同的环境下交替主导。因此，生态系统和社会系统有可能在很长时间内基本维持不变，也有可能突然改变。这种变化就像“开关”。“开关”是包含生态系统和社会系统在内的所有复杂适应性系统的共同显性属性。

图 4.3 显示了人体从生到死的各种“开关”。原态稳定（homeostasis）指的是数以百计的负反馈使得健康身体的每一部分维持原状；但是一旦人生病或者受伤，身体状态就会发生改变。状态是特定时刻身体的情况——体温、血压、血糖浓度、荷尔蒙浓度、呼吸频率以及其他数以百计的项目。水平轴表示身体状态，其上每一点都表示一个人某一时间的情况（例如身体任一部分的情况），接近的点表示相近的状态，相距较远的点表示相差较大的身体状态。

球的位置表示某一时刻的身体状态，球的运动轨迹表明身体状态的变化。短距离的运动轨迹表明小变化，长距离的运动轨迹表示较大的变化。在这个比喻中，作用于球的重力表示复杂系统中的自然力。球沿“山坡”向下运动表示由于受到原态稳定机制的作用，而发生了使身体维持健康状态的变化。球随机地来回滚动表示身体状态的改变，但是球基本上维持在山坡的底部（A）。如果一个身体健康的人经历一场外部干扰，譬如说疾病或者受伤，干扰会使得小球沿着山坡向上运动直至不健康状态（B）。通常身体将消除感染或是修复损伤，直至身体复原。这时小球将滚回山坡底部，身体再度回到如 A 所示的健康状态。无论疾病还是健康，身体都处于图中“活着”的状态（“活着”的稳定域），这是原态稳定

53

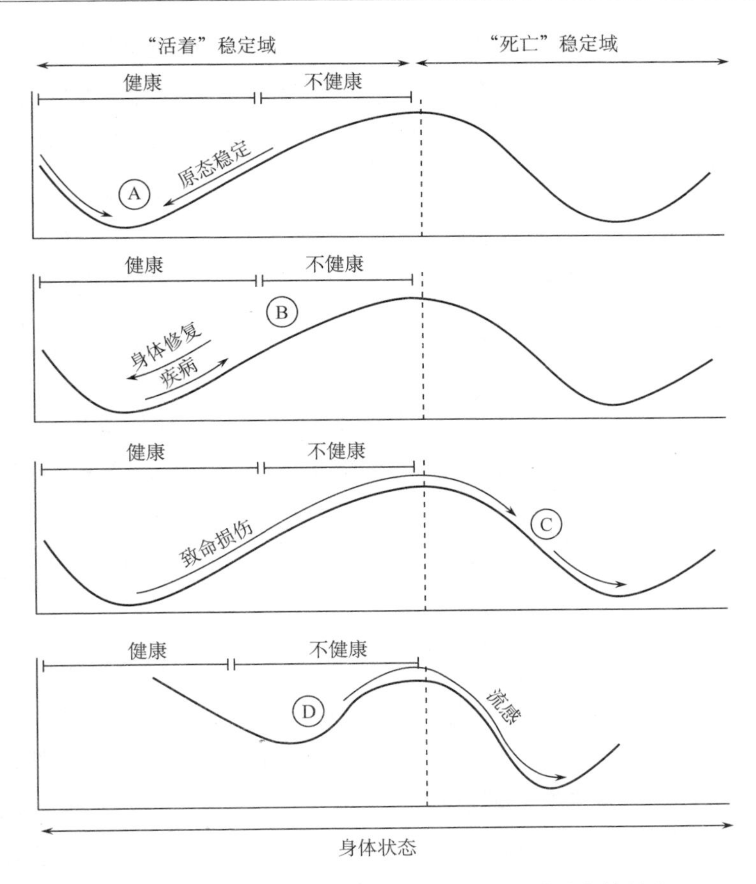


**图 4.3 用来阐述稳定域的"活着"和"死亡"的身体状态**

使得它如此。

图中还有另外一个稳定域:"死亡"。严重的疾病或者受伤将改变身体状态,小球被推至山坡顶部,越过"活着"的稳定域到达"死亡"区间(C)。这时身体将不再像以前一样运作;新的反馈循环使其改变至一个不同的状态。身体温度降到环境温度以下，肌肉僵硬，数以百计的内部运动停止。死亡之后，随着身体被自然过程改变，球滚到“死亡”稳定域的底部，再也没有自然的力量能够将 54 小球拉回至“活着”区间。身体不再复活，即使外部干扰消失。

损伤性的行为例如疾病和受伤不是身体改变的唯一路径。随着内在运动的发展，肌体自身也会逐渐改变，例如衰老。当一个人的健康随着年龄增长而衰弱，山坡的形状也逐渐改变，使得山坡底部逐渐抬升，趋向“活着”与“死亡”的边界(D)。当原态稳定机制逐渐变弱，山坡坡度变缓时，干扰更容易把小球推动较短距离，越过山坡到达“死亡”区域。臀部受伤、流感或是肺炎这样的疾病很少能夺取年轻人的生命，对于老年人来说却可能是致命一击。有一个简单的小游戏能说明稳定域是系统设计的结果，也就是说，是各部分组织的结果。试着在一根垂直的钉子上平衡六根钉子。解决方式是一种并不显而易见的简单而稳定的安排(图 4.4A)。这代表着一种稳定域。如果移动六根钉子中间的任何一根，整个结构都会崩塌，并改变至另一个稳定域，正如图 4.4B 所示。正如图 4.4A 中所示的安排是该谜题唯一可见的解决方式，生物群落的 55 潜在组成部分也能够彼此适应，最终形成一个功能完好的、可运作的生态系统，这种机会是无数种可能性中的一种。

社会系统的状态是什么呢？它的稳定域在哪里？社会系统状态是某时某地关于社会的一切——文化、知识、技术、认知、价值和社会组织。某些时候它处在持续性的波动中，而另外一些情况下它几乎保持不变。负反馈循环使得社会系统维持在被特定文化、政治和经济系统影响的稳定域之内，并随着文化进化逐渐改变区间的范围。社会系

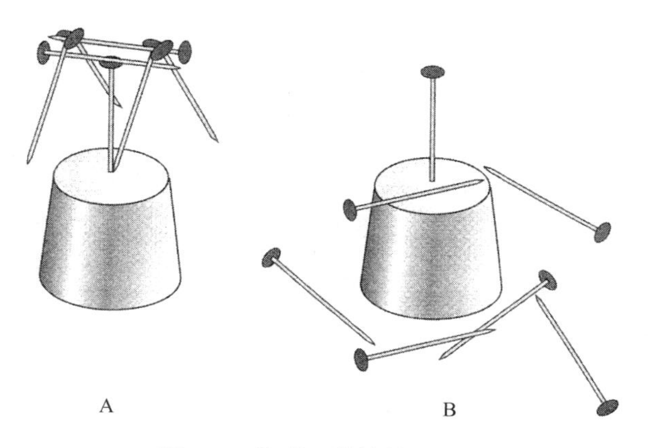


**图 4.4 构成可转换的稳定域**

统有时会经历“开关式”的跳跃变化，从一种稳定域跳到另一种稳定域。苏联的瓦解是一个明显的案例。在众多促进苏联从“单一国家”稳定域转向“分裂国家”区间的反馈循环中，戈尔巴乔夫所倡导的公开性和改组是主要的“干扰”因素。随着全球经济一体化刺激社会文化发生巨变，发展中国家经历了不胜枚举的社会系统开关式的跳跃发展。

生态系统的状态是什么呢？生态系统状态是指生态系统各组成部分的总和：各物种的种群数量，空气、土壤和水中不同物质的浓度，由人建立的各种结构。随着时间的发展，生态系统状态跟随每一部分的变化而变化。生态系统稳定域图解的“山坡”代表维持整体生态系统于稳定域的自然生态过程，同时它也代表系统性改变生态系统（第 6 章生态演替部分）的诸如群落构建一类的过程。

造成生态系统外部干扰的创伤性事件，如飓风、火灾、外来动植物物种的引进(例如第1章中所提到的被引入维多利亚湖的水葫芦),会完全改变生态系统,使其从一个稳定域转向另一个稳定域。人类活动的影响同样也是生态系统的外部干扰。接下来的一章将详细解释生态系统的稳定域,它将贯穿本书的其他部分。由于人类活动能够引发生态系统从"好"的状态转变到"不好"的状态,它们对可持续发展非常重要。

56

## 复杂系统循环

生态系统和社会系统通过两种形式发生改变:

1. 内在自组织构建过程(生物群落构建和文化进化)引起的渐进式改变。

2. 外部干扰(如"开关")引起的从一个稳定域到另一个稳定域的急剧式变化。

渐进式和急剧式变化的混合使其形成了一个复杂系统循环(图4.5)。"成长"是由正反馈和自组织构建过程主导,在空间和复杂度上不断扩展的时间段。"平衡"是一种稳定状态。系统达到各部分联系的高度复杂状态。然后负反馈起主导作用,此时系统变得僵化,显得不可破坏,但实际上滞后性和灵活性的缺乏将最终导致系统受到外来干扰的破坏。当系统被外部干扰摧毁,系统就"死亡"了。当正反馈引起大规模改变时,系统瓦解为各部分。它被推出稳定域。"再组织"指的是系统从破碎状态到恢复的过程。变化具有多种可能性,使得再组织成为一个富有创造性的时刻,即意味着系统有可能移动到许多不同的稳定域。"机会"对于系统再组织的方式十分重要,它决定了系统即将进入的新的稳定域。再组织之后的成长遵循再组织之初所决定的方向。

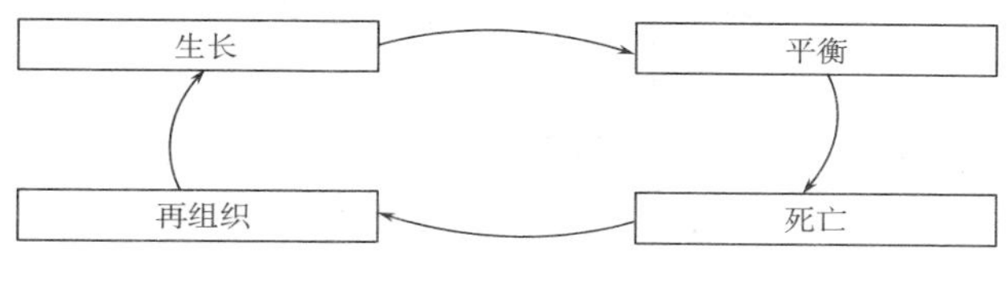


图 4.5 复杂系统循环

图 4.6 展现了一个生态系统或社会系统是如何经由复杂系统循环,从一个稳定域转到另一个稳定域的。

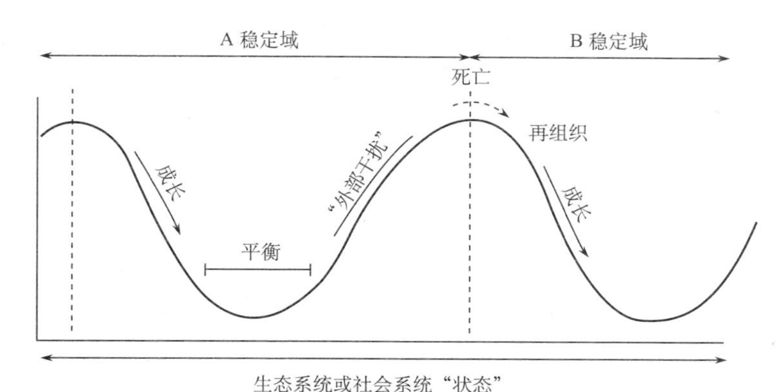


图 4.6 从稳定域角度观察的复杂系统循环

种群存在着复杂系统循环。一个种群的成长阶段是指数增长的时期。在平衡阶段,种群数量被控制在承载力以内。许多动植

57 物物种的种群数量能长期保持在平衡阶段，但是有一些物种由于数量超过承载力导致经常性的“激降”。种群数量激降意味着死亡期的到来。例如，以某一棵植物为食的昆虫数量可能快速增长（成长），直至整棵植物被昆虫覆盖并吃掉（死亡）。当植物死亡时昆虫就会飞走，如果它们找不到其他可持续供给食物的宿主，许多昆虫会被饿死；但是部分昆虫能够找到新的宿主植物，开始新一轮的繁殖（再组织）。如果把昆虫换成人类，当人口数量超过当地承载力时，人类将通过迁移进行自组织。

群落构建遵循复杂系统循环，生态系统同样存在复杂系统循环。在那个关于“岛屿”的故事中，大火首先破坏了现有的生态群落——森林。岛上草地的幸存和农民养羊是“再组织”，它们为多种动植物来到岛上的后续生态群落的成长确定了方向。随着越来越多的动植物来到岛上，生态群落的内容也越发丰富。最终，当食物网中所有可能的生态位都被占领，新物种要想在此存活将变得十分困难；生物群落将维持稳定（平衡）直到新的干扰——例如火灾或是开发——引起巨大变化（死亡）。对生态系统复杂系统循环的介绍将在第 6 章的生态演替中详细展开。

社会系统具有小至社团（如俱乐部）大至整个国家的多尺度的复杂系统。与尺度一样，循环的时间也存在不同，从几个月到几年58 甚至几个世纪不等。国家的历史阶段是长期循环的一种体现。日本 19 世纪的明治维新是德川幕府倒台和天皇重获权力的再组织过程。随后是成长阶段（获得新的政治制度和工业化），紧接着是平衡阶段（日本天皇的军事政府）。二战战败后，日本军国主义走向死亡，日本社会在采取了诸如西方式民主进程的新社会制度后，迅速启动再组织的过程。日本经济开始发展，并一跃成为世界经济强国（成长）。泡沫经济的破灭体现了日本经济从成长阶段向平衡状态的过渡。随着国际经济战略的重组，工业化的发展以及通过其他亚洲国家进入全球市场，日本原有的一些经济和政治制度被抛弃（死亡）。

在社会系统循环的过程中，政策可能发生戏剧性的转变。在平衡阶段，政策发展完善，并常常十分僵化。在死亡阶段，人们对现有政策提出质疑，并因其不适用而放弃。新的政策，即使是全新的框架，也都是在自组织的过程中形成的。新政策的细节会在成长过程中得到完善。

人们和政府常常犯这样一个错误，即假定现行状态将长期存在。如果他们处于成长阶段，他们会认为发展将永远存在；而一旦发展缓慢，他们会陷入惊讶和失望之中。如果他们处在平衡阶段，他们会认为稳定和控制会永远存在；而一旦不可预期的灾难发生，系统崩溃，他们会十分吃惊。当事情处于下坡阶段（死亡），他们会认为“世界末日已经来到”，但是自组织将再一次把他们的生活拉回正轨。

有效的社会能够在四个复杂系统循环的不同阶段良好地运作。一个有效的社会不仅能够在现一阶段运作，还具有随时处理阶段性转变的能力。当机会来到，有效政府能够抓住成长的机会；当成长趋于缓和，它们能够在可持续的基础上运作；当情况恶化，正如它们迟早会发生的一样，有效的社会能够迅速地进行自组织，并进入新的生长阶段。

59

## 需要思考的问题

1. 伴随着"开关式"变化的发生,受到负反馈影响而保持稳定的事物,在正反馈的作用下迅速转化。试举例说明你所在的社会系统(家庭、社区、国家、国际)中不同层次的"开关式"变化。
2. 从你所在家庭、社区、国家历史和世界历史中举出复杂社会循环的例子。仔细阐述循环的每一阶段(成长、平衡、死亡和再组织)。
3. 思考文中"岛屿的故事"。从图 4.1 开始,画出表示生物群落每增加一个新物种时,岛上的新食物网的示意图。你最终应该画出一个类似图 4.2 所示的食物网图。
4. 指出下列系统中的显性属性:
   - 家庭社会系统
   - 邻里社会系统
   - 学校或工作单位社会系统
   - 国家社会系统

   注意整个系统的显性属性,它们不会简单地从各个部分中显露出来,而是在由各个部分组织起来的整体中显现。
5. 举出你个人生活中的"否认"案例。你还能举出你所在社会中的"否认"案例吗?

(马婷译　王春丽校)

# 5　生态系统组织

60

生态系统自组织过程使得它们异常复杂。组织过程是无序和有序选择的混合体。所造成的复杂性对于生态系统的生存十分重要。生态系统中的植物、动物和微生物通过食物网被组织起来，并互相契合。主要有两个原因：(1)在一个千年历史的生态系统中，生物进化已经使得物种之间相互适应，物种群落构建过程使得从物种库中选出的物种都具有这种相互适应的潜力。(2)当群落构建过程形成食物网时，它仅选择具有适应现有网络能力的物种(第 4 章岛屿的故事)。本章从列举生态系统生命要素相互适应的方式开始，解释了生态系统的自然设计——物种如何互相契合形成一个连续和功能整合的整体，然后描述了生态系统的三种主要类型：自然生态系统、农业生态系统、城市生态系统，以及它们在生态系统输入和生态系统输出中的不同之处。生态系统除了按照食物链组织生物群落，还通过更小的生态系统等级化拼接而成的大地景观进行组织——景观马赛克(landscape mosaic)。本章最后描述了景观马赛克中的生物群落拼接如何与相同景观中的地形拼接及自然条件相互联系，以及这种通过投入与产出相互联系起来的拼接如何最终形成一个整体功能的景观马赛克。

61

# 相互适应

相互适应和共同进化是生态系统的显性属性。相互适应(适应彼此)是共同进化(共同变化)的结果。虽然适应在提高生存能力上有各种方式,但最为显著的相互适应方式是动物和微生物从食物网中其他活着的有机体身上获取营养。一方面,动物适应于寻找它们常吃的动植物;另一方面,动物具有躲避以它们为食的动物的能力,并且进化出对寄生于它们身上的寄生虫和病原体的免疫力。捕食者和猎物之间的相互适应是一项永不停止的进化游戏。捕食者进化得更能捕食猎物,而猎物进化得更能躲避捕食。猫进化出更为灵敏的听觉以发现黑暗中的老鼠,而老鼠进化让行动更加悄无声息以避免被猫发现。

植物无法跑或躲,但是它们在其他方面进化以躲避被捕食。许多植物营养价值很低以至于不值得被吃。一些植物种类含有对动物的消化产生反应的化学物质;其他一些物种有毒或是被刺保护。一些动物进化出中和毒性或是破解其他防范措施的能力,专门吃一种植物,从而解决了这个问题。相互适应的游戏赋予生态系统中的每一种动植物获取其赖以存活的食物的能力。同时它也赋予每一个物种从捕食者口中幸存的能力。游戏中形成了共存。病原体和寄生虫进化出寄生在宿主身上而不被杀的能力,这是一种保证源源不断的食物供应的战略。

完全合作的关系——共生——也是很常见的。某些金合欢树有特殊结构，能够为保护树叶免受昆虫侵扰的蚂蚁提供食物和居住的微环境。固氮菌栖居在豆科植物的根部。这些细菌能够将空气中的氮转化成为树木可用的氮，而豆科植物为细菌提供营养物质。类似的合作关系还存在于帮助植物根部从土壤中获取磷化物的菌类（如林木菌根）中。林木菌根从植物中获取营养。蜜蜂在它们采蜜的同时帮助花朵授粉。自然中包含成千上万这样的共生关系。相互适应的结果是同一个群落构建过程中的植物、动物和微生物能够形成有活力的生态系统。 62

## 生态系统设计

相互适应和群落构建是生态系统自然设计的源泉，可以通过将生态系统与另外一种系统——电视机作对比而对自然设计进行概括。生态系统和电视机都是系统，因而十分相似；然而它们一个是生态系统，一个是出于特殊目的的人造系统，因而又是十分不同的。两个系统的一个主要共同之处在于二者都有一个相互作用的部分集合。电视机由大量电子元件组成，每一个元件都被精确地设置。如果一台电视机的电子元件是随机选取并组合的，它不会良好地工作。它或者是不能显示图像，或者是插电后烧掉。生态系统同样需要选择组成部分，它们在生物进化过程中相互适应，以便精确配合。生态系统的组成物种得以存活，是因为它们可以以相互适应的方式，保证整个生态系统为每个物种提供必要的资源。这贯穿于诸如物质循环和能量流等整个生态系统过程中，第 8 章将对此作详细解释。

每一个系统元件的行为都受到其他元件行为的制约，这是电视机和生态系统运作的基础。尽管从理论上来说，电视机中的每一个电子元件都能够获得大范围的电流，每个电子元件的电流还是受到其他元件的制约。结果，通过电视机的电流受到产生图像的有序设计的限制。图像是电视机的一个显性属性。

63

生态系统也受到同样的限制。尽管所有的植物、动物和微生物都有繁殖无数后代的能力，种群数量还是会受到食物供给、自然天敌和其他生态力的制约。不受控制的种群数量将对生态系统的其他部分造成破坏，毁灭其本身和系统。生态系统通过反馈机制调控生物种群数量以保证其存活。

然而，生态系统和电视机之间还是存在重大区别的。生态系统比电视机有更高水平的可重复性（复制），使得其有更大的依赖性和弹性（见第 11 章对弹性更详细的描述）。因为电视机以经济性为设计原则，每个功能只有一个元件。如果这个元件缺少，电视机就无法工作。在生态系统中，不同有机体有一定比例的功能重复性。生态系统的每个重要功能都由许多不同物种负责——有时甚至达到十几个不同种类的物种。

生态系统和电视机在另外一个重要方面也存在不同。生态系统的生物元件本身就是复杂适应性系统，具有随环境需要而改变的能力。一旦电视机被组装起来，它的每个元件具有同样的运转特性，而不管其他元件的情况。一旦电视机被卖出，元件之间的关系是不可改变的。非常不同的是，随着当时当地情况的变化，生态系统中的动植物与其他物种的互动形式也随之发生改变。例如,某种动物能够吃好几种食物,如果其中一种濒危,它将转向吃数量丰富的其他食物。

## 生态系统原态稳定

种群调控使得生态系统中的生物群落数量维持在一定范围之内。这个范围是由生态系统整体设定的。每种植物、动物和微生物的承载能力都取决于生态系统中其他部分的情况。生态系统同时也把物种的自然条件控制在某一范围内。例如生态和自然过程调控土壤中的水分含量。当土壤中水分适度的时候,植物生长得最好;太多的水分会将微生物和植物根部需要的空气挤出;太少的水分会限制植物的生长。如果大雨之后土壤中水分过多,植物会吸收一部分,多余的水分通过土壤的渗透向下排出。如果旱季水分过少,植物会减少水分吸收,陶土和土壤中的有机物质会储存水分以供植物和土壤中的微生物使用。 64

生态系统原态稳定不像个体有机体的原态稳定那样精确,但是它是实实在在存在的——尤其是自然生态系统、农业生态系统和城市生态系统的自然部分。一些随机因素如天气波动等,会引起生态系统中生物群落和自然环境逐渐发生微小变化。但是只要生态系统不在严重的外在干扰下引起巨大的改变,生态系统原态稳定就会保证生物群落和自然环境保持在功能范围内。如果生态系统中某一物种发生了灾难性的事件,其他具有同样功能的物种数量会增多,以保证功能延续。生态系统状态可能会随时间波动,但是它通常会维持在对生态系统有益的稳定区间内。虽然数以百计的负反馈循环使得生态系统中的一切维持在相互适应的良好运作的范围内，但这种令人吃惊的有效性却不必归于“有意识的”或是“有目的的”。生态系统通过相互适应和群落构建进行组织，使得作为整体的生态系统能够在可持续的基础上运作。

盖亚假说（the gaia hypothesis）表达了地球全球性生态系统原态稳定的概念。盖亚是希腊女神地球母亲的名字。盖亚假说阐述的是“地球上的生命使得地球的气候和大气成分维持在一个最优值”。例如，碳循环系统使得大气中的氧气和二氧化碳维持在生态系统中动植物需要的浓度范围内。这是通过海洋中包括光合作用、呼吸作用和碳酸—重碳酸盐—碳酸盐缓冲系统在内的一系列 65 过程完成的。全球生态系统原态稳定是地球上大量地域性的但是相互关联的生态系统原态稳定的结果。

我们将用一个名叫雏菊世界（daisy world）的想象中的地球来阐述盖亚假说。雏菊世界的案例表明植物是如何通过调节地球对太阳光的反射和吸收（反射率）来调节地球温度的。雏菊世界有三种花。一种白色，一种灰色，一种深色。深色的花吸收照射到它们的大部分阳光，将光能转换成热能，因此深色的花最能够提升雏菊世界的温度。白色的花反射大部分的阳光，因此它们为雏菊世界升温的能力最弱。深色的花在较为凉爽的温度环境下生长得最好，白色的花在较为温暖的环境下生长得最好，而灰色的花在两者之间的温度环境下生长得最好。

雏菊世界的温度通过改变深色和浅色花朵数量的负反馈循环进行调控。如果光照加强、气温升高，深色的花朵很难存活，它们将部分地被白色的花朵取代(图 5.1 上部的第一条曲线)。由于浅色花朵吸收阳光较少,温度下降。如果光照强度降低,温度下降幅度过大,白色花朵很难存活,部分地被深色花朵取代。由于深色花朵吸收阳光较多,温度上升。

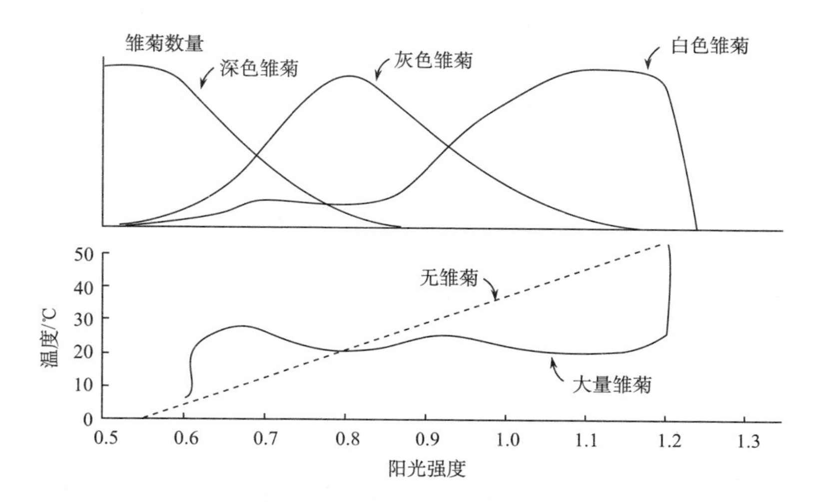


**图 5.1 改变雏菊数量使得雏菊世界的温度与阳光强度保持一致**

资料来源:Adapted from Lovelock,J (1979) *Gaia*:*A New Look at Life on Earth*, Oxford University Press,Oxford.

图 5.1 下部实线表示在不同光照强度下雏菊世界的温度变化。在一定的光照强度区间内(0.6—1.2),雏菊世界的温度维持在 22.5 摄氏度左右,这个温度对于花朵的生长是最适宜的。虚线表示的是没有不同颜色花朵这一可能情况,那时温度与光照强度表现为线性关系(特别是在没有温度调控的时候)。

# 自然、农业和城市生态系统的比较

区别三种主要的生态系统很有意义。自然生态系统自组织，它们生产出可再生的自然资源，例如木材、鱼类和水，供人类使用。一部分的农业和城市生态系统需要人类输入物资、能量和信息等进行组织。而其他部分与自然生态系统一样通过自组织过程进行系统组织。农业生态系统提供食物、木材或者其他再生资源。城市生态系统为人类提供居住的场所和工业产出。与自然生态系统不同的农业生态系统和城市生态系统需要更高强度的人类投入以确保其独特的运作方式。

66

## 自然生态系统

仅包含野生动植物的自然生态系统完全是由自然过程构建的。它们的生物群落是通过共同进化、相互适应和群落构建形成的。自然生态系统是自组织和自给自足的。它们存活的条件仅仅是阳光和水的自然输入。自然生态系统的大部分投入和产出是与邻近生态系统相互交换的，是通过风、水、重力或是动物运输中包含着能量和信息的物质实现的(图 5.2)。由于大部分自然生态系统为了保持内部物质进化了很多机制，因此它们的投入和产出是很小的。例如，自然生态系统通过将草和树叶覆盖在土壤上来防止雨和风侵蚀造成的水土流失。当土壤的自然肥力较低时，生态系统通过固定植物、动物和微生物尸体中的物质来为该系统中的

67

植物提供矿物营养。

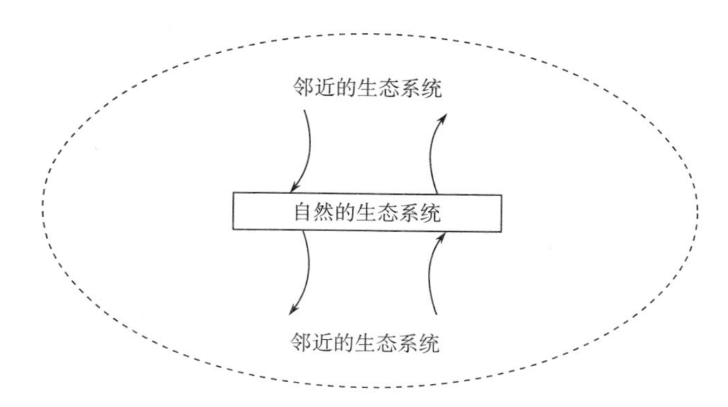


**图 5.2　邻近生态系统物质、能量和信息的投入产出交换**

## 农业生态系统

*农业生态系统*即农地生态系统。在那里，人们通过驯化的植物和动物生产出食物、木材或者燃料供人类消费。第 4 章群落构建故事中的岛屿就是一个农业生态系统，因为羊是一种驯化的动物。农业生态系统是人类设计与自然设计的结合。人类提供农作物和牲口，自然通过群落构建的过程提供野生动植物。许多野生动植物对于生态系统的农业功能十分重要。蚯蚓和其他土壤动物将动植物尸体分解成可供细菌利用的大小以维持土壤的肥力。细菌食用动植物尸体，将其中的矿物质转化成能被植物吸收的养分转移到土壤中。那些与人类竞争农业生态系统产出的其他动植物通常被认为是杂草或是害虫，进而被人类从生态系统中除掉。除了有生命的动植物之外，农业生态系统还包含人造的无生命的物质，例如灌溉渠和农具。农业生态系统不是自给自足的，它们需要

68 人类的投入，在这一点上它们不同于自然生态系统(图 5.3)。

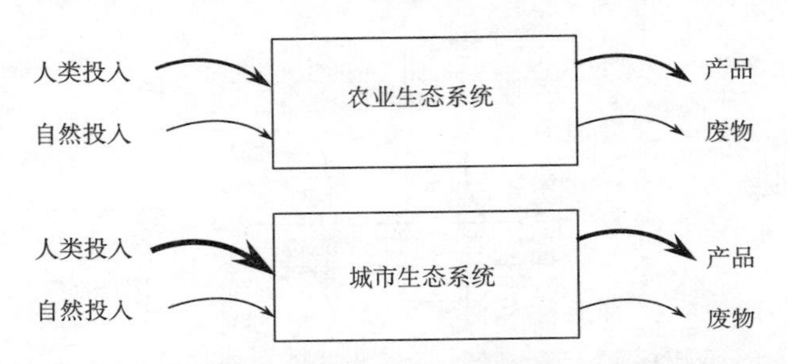


**图 5.3 农业生态系统和城市生态系统物质、能量和信息的投入和产出**

一些农业生态系统与自然生态系统区别很大；另外一些则区别不大。比起农作物生态系统，拥有牛羊等畜牧动物的牧场生态系统需要较少的人力投入，因为牧场更像是自然生态系统。现代农业生态系统需要的人力投入是最大的——农机、化肥、杀虫剂和灌溉——因为它们与自然生态系统的区别最大。高强度的投入从两个方面提高了光能向人类食物能量的转化：

1. 它们为农作物生长提供了适宜的条件，例如充沛的水和矿物质。

2. 它们排除了与人类竞争生态系统中生物生产量的动植物。

对现代农业生态系统高强度的投入很大程度上依赖于石油。生产化肥和杀虫剂，运输肥料和施肥需要消耗大量的石油能源。石油是生产为防止水分流失而覆盖在土壤上的农业塑料膜的原材料，也是生产和运作农机、灌溉和向远距离市场运送农产品的能量来源。每生产一卡路里的食物消耗十卡路里的石油能源非常普遍，这使得现代农业生态系统不只是简单地将光能转化为食物能量，同时也将石油能源转化为食物能量。从这种意义上来说，人们在“吃”石油。

水是另外一项高强度的投入。农业与自然和城市生态系统争夺水资源。现代灌溉常常需要大量的水，有时甚至需要从数百千米以外抽取。争夺水资源将成为世界上越来越普遍的现象。 69

高投入带来高产出——高水平的农作物和牲畜生产。然而，现代农业生态系统不仅生产出人们需要的产品，也生产出对邻近生态系统造成破坏的废物。化肥和杀虫剂从农业生态系统中流出，污染附近地区的小溪、河流和地下水。

现代技术产生之前的传统农业生态系统形成了一种人类参与的农业类型。通过不断尝试和失败的文化构建过程，传统农业经历了许多世纪的发展。发展中国家的许多地区还没有完全现代化，尚处于传统农业阶段。许多传统农业生态系统与自然生态系统非常类似，原因是传统农民设计他们的农业生态系统，使其能够从自然过程中获利而不是忤逆自然规律。举例来说，传统农业通常在同一块地中混合种植农作物，就像自然生态系统中生长不同的植物物种。这种农业类型被称为“间作”或者“混养”(polyculture)。比起现代农业，传统农业需要更少的投入，因此传统农业更加自给自足。传统农业同时也比现代农业产出更少——更低的农作物产量和更少的污染。现代有机农业在尝试提供不存在有害物质的食品的同时，也努力与自然取得和谐，在这一点上它与传统农业是类似的。

## 城市生态系统

城市是城市生态系统。它们几乎完全是由人类进行组织的。它们常常受到人造结构例如建筑和街道的主导。城市生态系统中的许多动植物都是受到驯化的，例如花园中的植物和宠物，但也存在一些野生动植物，例如野草、鸟类和老鼠。城市生态系统不是自给自足的。城市生态系统需要大量的投入，并同时生产大量的废物(图 5.3 和图 5.4)。

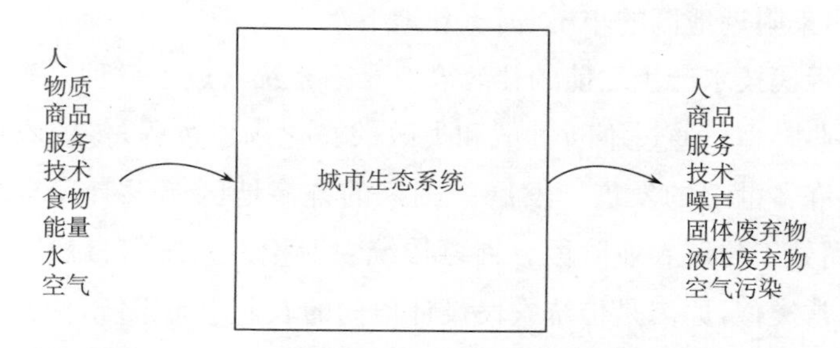


**图 5.4 城市生态系统物质、能量和信息的投入和产出**

城市是人类文明的基础。第一批城市出现在 6 000 年以前。尽管现在接近一半的世界人口居住在城市中，以前大部分的人居住在相对较小和较简单的城市生态系统，例如村庄中。工业革命之后，城市的生长速度突飞猛进，但我们却直到最近才认识到城市的重要性。20 世纪初期，只有 14%的人口居住在城市。而现在的发达国家中有 75%的人口居住在城市中。尽管今天发展中国家只有 35%的人口居住在城市中，但其城市人口数量已经超过发达国家城市人口的数量。

70

目前，发达国家的城市人口数量增长缓慢，而发展中国家的城市人口仍以较快的速度持续增长（图5.5）。在25年的时间里，发展中国家城市人口将是发达国家城市人口的3倍。许多发展中国家的城市发展如此迅速，以至于城市已经不能为大部分人提供基本服务，例如水、废物收集、电力、教育和基本的医疗设施。

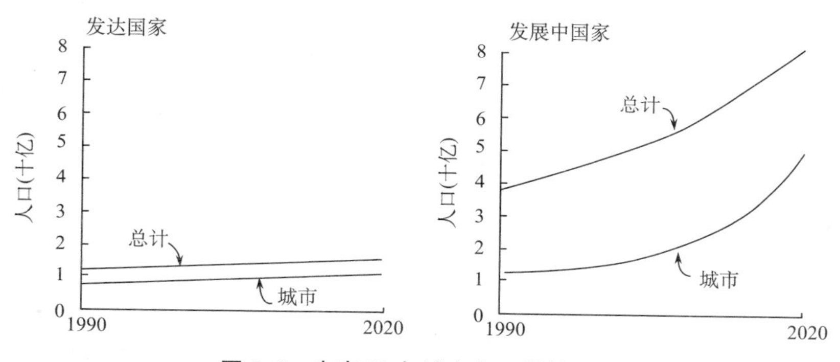


**图5.5 未来20年城市人口增长预测**

资料来源：Data from the Population Reference Bureau，Washington，DC.

# 景观马赛克

71

每一种景观都是不同场地（site）的拼接物，这些场地由不同的生物群落甚至不同的生态系统构成。这是因为：

1. 不同场地有不同的自然条件。这些不同条件部分是景观自然差别的结果，部分是人类活动的结果。

2. 群落构建过程产生基于不同自然条件的不同生物群落。

3. 人们在条件合适的地区建设农业和城市生态系统。

这种拼接物就是地景马赛克(landscape mosaic)。它是生态系统的一种显性属性。

图 5.6 显示了日本西部坎赛(Kansai)地区典型的景观马赛克。同样的生态系统在景观中重复,这是因为景观的不同部分具有类似的自然条件。具有类似自然条件的场地具有几乎一样的生物群落。因此它们具有类似的生态系统。在具有类似条件的地区人们会建设类似的农业或城市生态系统。

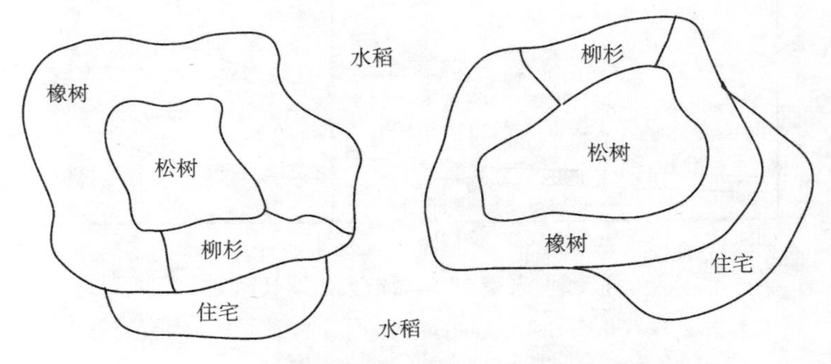


**图 5.6 日本西部典型的地景马赛克地图**

一种特定类型的生态系统是一组类似的生态系统,它们基于生物群落中最丰富和明显的植物,被赋予同样的名字。在日本西部,最常见的植物生态系统如下所示:

72

- 松树
- 橡树
- 柳杉
- 日本扁柏

松树和橡树林是自然生长的。松树林通常位于山坡的高地,由于受到侵蚀，这一位置的土壤常常被雨水从山顶和山坡冲向山谷，导致土层较薄（图5.7）。橡树林常见于山坡较低的位置，这一位置土壤厚度较大。柳杉和扁柏林表面看上去更像是自然生态系统，但它们其实是农业生态系统，由人工种植以便获得大量可用于建设的高品质木材。人们采用行列的方式，在山坡的底部地区整齐地种植柳杉和扁柏，更厚的土壤为树木迅速生长提供了充足的水分和营养。日本还有其他的农业生态系统，主要是水稻田和菜地，它们主要位于山谷更低和更平坦的地区或是山谷的边缘。诸如农宅的城市生态系统通常位于山脚的水稻田之上。

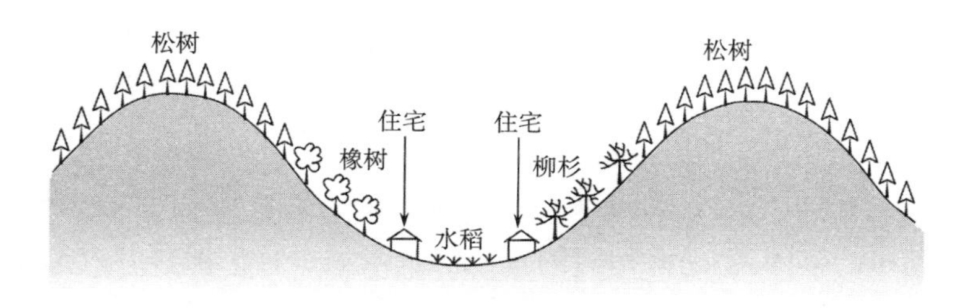


**图5.7　日本西部典型的地景纵剖面图**

每一个生态系统都为生物群落中的动植物提供生长环境。松树生态系统包括能够生长在松树下的植物、能够分解松叶的微生物、以松树树皮、树叶或是根为食的动物，以及适应每种动植物的寄生虫和病原体。任何一个生态系统中所有的植物、动物和微生物彼此适应，形成离散的组团。

每一个生态系统都是一个生物的“岛屿”，因为周边的生态系统不能为同种类的动植物提供生长环境。动植物有时从它们原本生活的地区迁移到其他具有适宜的生长环境的地区，这叫作散布(dispersal)。这是新物种进行群落构建的起源。植物不能像动物一样迁移，但是它们的种子能够被风和动物带到新的环境中。

73

散布和群落构建的过程无时无刻无地不在发生，它们构成了我们看到的景观生态群落。那些被风、动物或水流从一个生态系统带到另外一个生态系统的物质，都是前一个生态系统的产出和后一个生态系统的投入。这不仅仅是物质的转换，也是物质中所含能量和信息的转换。从一个生态系统吹向另一个生态系统的植物种子在它的碳链中包含能量，在 DNA 中包含基因信息。

景观马赛克有其自组织过程，通过调整景观中生态系统的种类和各自占据的区域，平衡整个景观的投入和产出。例如，在树林丛生的山坡和水稻田生长的山谷地区，溪流是森林生态系统的产出，是水稻田生态系统的投入。农民通过修建梯田在山坡上扩大水稻田的范围，但是水稻田的水源消费限制了它们能够开发的土地数量。如果水稻田的数量太多，就没有足够的森林提供水源。这样的调整永远在不同生态系统之间发生——自然、农业和城市生态系统。城市生态系统需要一定面积的农业生态系统提供食物和其他资源，且它们需要自然生态系统提供水源。

景观马赛克中的自然、城市和农业生态系统是我们时代主要的生态话题。目前似乎有一种从城市到农业到自然生态系统的替代序列。在前几个世纪的发达国家，农业生态系统扩张，替代了大

74

面积的自然生态系统。同样的历程在发达国家经历了更长的时间才显现出来，但是现在情况变得十分尖锐。

目前世界各地的城市生态系统不断扩张，取代了农业生态系

统和自然生态系统。这种过程无法长时间持续,因为城市生态系统需要农业生态系统和自然生态系统提供食物、水等资源。

## 空间等级体系

生态系统在空间上具有等级体系特征。某地所有小的生态系统一起构成了该地较大的生态系统。不同地域所有较大的生态系统共同构成了整个地区更大的生态系统。随着尺度的延展,所有主要气候区域下的生态系统构成了生物群系(biome)生态系统,而所有的生物群系生态系统构成了地球生态系统。小一些的生态系统内部更为一致,而较大的生态系统存在更多的分异。

城市生态系统同时也形成了具有空间等级的景观马赛克(图 5.8)。每一个城市都被划分为社区,每个社区都包含更小的生态系统,例如居住区、购物中心、学校、公园、工业区和自然保护区。每一个小的城市生态系统都具有其本身的结构:建筑、道路、其他人工基础设施和生物群落。每一个社区都有其历史和社会系

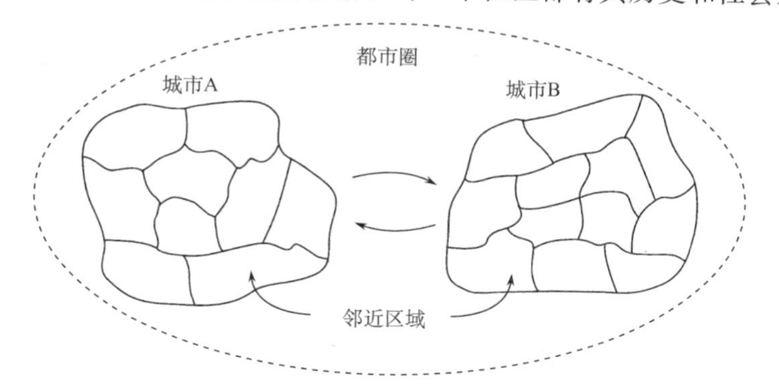


**图 5.8 都市圈中生态系统的空间尺度**

统,它们包括在社区中生活和居住的人的种族和社会经济属性、他们的组织、生活方式、职业和其他活动。

一个城市可能与其他城市相连,形成都市圈。每个城市的生态系统和社会系统与周边地区的生态系统和社会系统互相作用,形成了城市影响区,为城市提供了劳动力、能源、食物、水和建筑材料来源。过去,城市影响区是城市周边分散布局的地区。自工业革命以来,伴随殖民活动和国际贸易的发展,城市影响区扩展到世界各地。

75

## 需要思考的问题

1. 你所在区域的景观是由哪几种不同的自然生态系统(如图 5.6 中所示)拼接而成的？每种生态系统在景观剖面中的典型位置是怎样的(参考图 5.7)？
2. 与农民交谈以了解你所在区域的农业生态系统。农业生态系统的主要种类是什么？每一种农业生态系统在景观剖面中的典型位置是怎样的？其生物群落的重要自然组成部分(即除了农作物和牲畜之外的生命有机体)是什么？不同农业生态系统的生物群落之间有着怎样的差异？每种农业生态系统的投入是什么,每种投入起着什么作用？农民在他的农业生态系统之上强加什么组织或结构(即信息投入)？农民如何利用能量投入来实现这些组织和结构？
3. 你所在区域内的农业和自然生态系统之间在原料、能量和信息等方面的重要投入—产出交换是怎样的？

4. 绘制一张你家周围 1 公里半径内不同种类城市生态系统的地图,如居住街区、商业地区、公园、办公区或工业区。如果存在自然或农业生态系统,也标示出来。
5. 列出你所在城市或乡镇的重要投入和产出。

(安劢译　王春丽校)

# 6 生态演替

自然的演进持续地改变着生态系统。这种改变历时几年甚至几个世纪,如此缓慢以至于几乎不被察觉。这种改变有着由生物群落集合主导的系统模式,遵循着被称为生态演替的有序演化方式。生态演替是生态系统的又一个显性属性。

生态系统自我改变的同时,也被人类改变着。人类改变生态系统来满足他们的需要。人类带有目的性的改变将产生连锁效应,从而导致更深远的变化——这就是由人类导致的演替。有些时候,改变是无意识的。这种改变可能是不必要的,也可能是不可逆的。本章将会给出三个例子来说明由人类导致的演替:

1. 过度放牧与草场退化;

2. 过度捕捞与杂鱼(trash fish)对经济鱼类的替换;

3. 森林被保护时的严重森林火灾。

由于生态演替有着巨大的现实影响,人类将对自然生态系统的利用与自然的演替过程相结合,作为人类的应答。在现代社会中,人类通过高投入来对抗生态演替的自然进程,从而维持农业生态系统和城市生态系统的运行。在许多传统社会中,人类多从数个世纪的实践带来的启发以及留下的经验中学习研究策略,通过很少的投入从自然演替中获益。本章讲述几个有关乡村森林和传统农业的传统管理方式的实例。

# 生 态 演 替

77

自然条件相同的地方的生态系统完全相同吗？答案是否定的。首先，在生物群落中要素的随机组合会产生不同的生态系统。其次，随着生物群落的构建，生态系统会经历缓慢而系统的变化。在不同的时间里，同一地点有着不同的生物群落，也就有着不同的生态系统。在同一地点，不同生物群落缓慢而有序的演进组成了生态演替。每个生物群落都是生态演替的平台。

从一个生物群落向另一个生物群落演变的原因包括：

• 个体越小的植物和动物一般生长和繁殖得越快。个体越大的植物和动物的生长过程需要越多的时间，且数量增加也较缓慢。因此，生长较快的植物和动物首先进入某一地区，而生长较慢的物种随后成为主导物种。例如，在被火灾或者砍伐毁坏了的森林，各种草类因其生长速度快将在数月之内生长出来。不久，灌木丛取代了草类，继而又被树木取代。

• 生物群落也会导致自身毁灭。例如，随着树龄变老，树木将变得虚弱且易受病虫害攻击。这时，一种生物群落“衰老”并“死亡”，取而代之的是另一种生物群落。

• 一种生物群落会产生更适合另一种生物群落的条件。一种生物群落会改变某地的物质或生态条件，使其更适合另一种生物群落。这样，一种生物群落引导了另一种生物群落的出现。

• 一种生物群落会被自然或人为导致的“干扰”破坏，并被另一种生物群落取代。火灾、暴风和洪水是自然干扰的典型例子。人类行为如砍伐或为发展农业或城市生态系统而进行的垦地也将对生物群落造成破坏。过度捕鱼或者过度放牧也会导致生物群落发生巨大变化，以至于被另一种生物群落取代。

78　生态演替的早期阶段被认为是"不成熟的"。它们比较简单，植物和动物的种类较少。随着群落构建的演进，生物群落变得更加复杂。它积累更多的物种，其中许多物种在食物以及食物网中与其他动植物的互相影响方面更为独特。生态系统从而变得更"成熟"。生态演替的最后阶段是"顶级群落"。顶级群落不会自发演变成另外一种阶段。从不成熟的生物群落向成熟群落、顶级群落的演进就是生态演替。

## 生态演替的一个实例

生态演替通常开始于现有生物群落受到人类活动或自然干扰（如火灾或者剧烈的暴风雨）而面临毁灭之时。这通常发生在一个较大的区域内，而演替也可能从一棵老树倒下而形成的一小片林中空地开始。在日本的西部，矮草丛和小型一年生开花植物一般标志着生态演替的第一阶段（图 6.1A）。若干年后，它们将被更高的草丛取代。然后，幼树和灌木丛从草丛中生长出来，这些小树和灌木混合起来，其密度足以遮住大多数草丛需要的光照（图 6.1B）。一些幼树最终在灌木丛上方生长并形成森林。一些灌木丛将消失，还有一些则在树木中间生长。

在土壤深厚的情况下，首先生长的森林往往由落叶橡树和其他乔木、灌木混合而成（图 6.1C）。橡树和大多数其他树木最终将

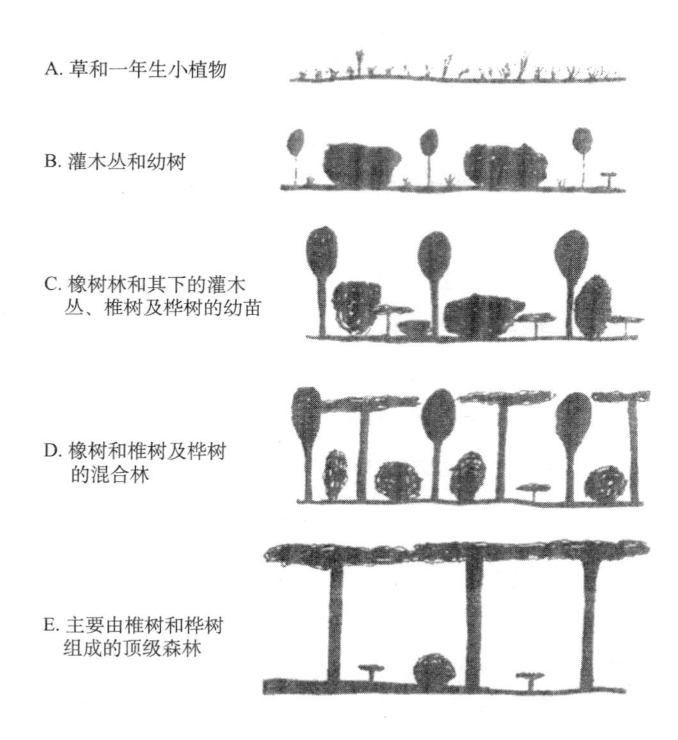


**图 6.1　日本西部深土地区典型生态演替**

被椎树和桦树取代,从而形成一个顶级群落(图 6.1E)(椎树和桦树是两种阔叶常绿榉树)。随着生物群落中植物种类的变化,动物种类随之变化,其原因是特定动物种类需要特定植物作为食物和遮蔽物。

为何橡树林最先在生态演替中出现?为何椎树和桦树最终会取而代之?这是因为椎树和桦树生长缓慢,但可生存数百年时间。随着时间推移它们可以长得非常高。橡树在阳光充足的情况下生长得很快，但它们长不了那么高。当椎树、桦树和橡树种子在一个开放的不成熟生态系统中一起生长的时候(图 6.1B)，充足的阳光适合生长速度更快的橡树的成长。因而在生态演替中首先出现的树林就是橡树林，其下方间杂着灌木丛、椎树和桦树的幼苗(图 6.1C)。椎树和桦树可以在橡树的阴影下存活，并慢慢长高。大约 50 年过后，森林会变成由相同高度的橡树、椎树和桦树组成(图 6.1D)。这时一些橡树已经衰老，还有一些可能被藤蔓覆盖而导致"窒息"。橡树开始衰落。

79

最后椎树和桦树生长到橡树上方并由茂密的树叶形成树荫，将下方的所有东西遮蔽起来。橡树无法在椎树和桦树的树荫下存活，因而生物群落就变为由高大椎树和桦树组成、散落着椎树和桦树幼树以及喜阴灌木丛的顶级森林(图 6.1E)。由草丛生态系统演变到成熟的椎树和桦树森林大约需要 150 年或者更长时间。由于椎树和桦树的幼树在老树倒下时会在其留下的空间中生长，顶级森林若非遭到人为破坏、火灾或其他严重干扰，将基本保持原样。

80

同在日本西部，浅土地区的生态演替则不同于深土地区(图 6.2)。橡树、椎树和桦树需要深厚的土壤才能长高，而松树只要有足够的光照，在浅土上也能长得很好。浅土地区的顶级生态系统是松树林。松树苗在阳光充足的深土地区或许也能长得很繁盛，但其他树种最终将在深土地区占支配地位，因为松树不能耐受其他树种的阴影。

显而易见的是，一种景观马赛克在不同的地方包含不同的生物群落，这不仅是因为自然环境的空间变化，也是由于生态演替。

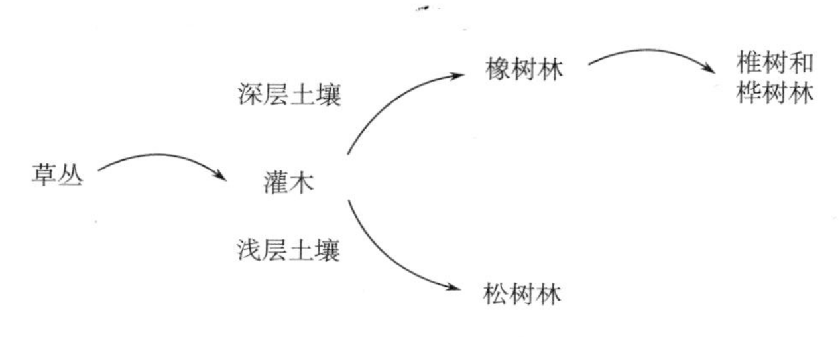


**图 6.2 日本西部的生态演替**

注：浅土地区与深土地区具有不同的生物群落演替序列。

自然条件类似的地区具有类似的生态演替过程，但不一定具有相同的生态系统，因为它们处于同一生态演替过程的不同阶段。

由于顶级群落在很多年里几乎保持不变，人们可能会认为在日本西部有很多椎树和桦树林。很久以前该区域的景观确实被椎树和桦树所主导，但是几个世纪以前人们在这里进行了大规模的砍伐。椎树和桦树，包括一些巨大的老树，依然散布在景观的各处，但是发育完全的椎树和桦树顶级森林则不常见。残余的顶级森林主要留存于寺庙和神社周围的护卫林中。

## 作为复杂系统循环的生态演替

生态演替是一个循环（图 6.3），它遵循着第 4 章中描述的复杂系统循环的四个阶段：生长、平衡、衰亡和重组。不成熟的生物群落如草丛和灌木丛是生态演替中的生长阶段。因为不成熟的生物群落中的生物种群相对较少，新进入的生物种群不会面临已有种群的强烈竞争。大多数新进入的物种集合到此，因而群落中的植物和动物种数快速增长。在不成熟的生态系统中最成功的物种是那些可以利用丰富的资源状况快速生长和繁衍的类型。

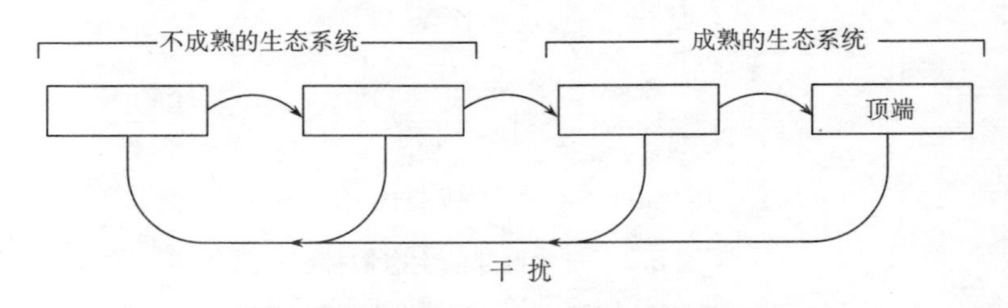


**图 6.3 生态演替作为一个复杂的系统循环**

生态系统成熟的标志是,增加的动植物物种在经过多年的生物群落组合过程后趋于稳定。由于成熟生态系统有着如此多的物种,它们已经占据了所有的生态位,因而外来的物种要融入成熟生态系统变得越来越困难。外来物种只有通过竞争并取代已有的物种,才能在成熟生态系统中生存。最终,生物群落很少再变化,这就是顶级群落(平衡态)。它具有数量最多的物种,并且这些物种都是高效的竞争者,善于在有限的资源条件下生存。如果外部干扰如火灾或暴风雨不具有太强的破坏性,一个顶级生态系统可以延续几个世纪。

然而,顶级群落早晚都会毁于某种干扰,这就是衰亡。大多数动植物物种从这个地方消失,随之而来的是重组过程。由于此时许多生态位是空缺的,如果这个地方有适宜的自然环境,生物群落有合适的食物来源,新进入的物种面临的竞争就少,生存也会变得简单。重组的过程是一段充满变数的时间,生物群落可能获得某一种动物和植物的组合,也有可能是截然不同的另一种组合,这取决于哪些物种碰巧在这个决定性的时间内偶然地来到此地。生态演替然后又开始从不成熟群落向成熟群落演进(生长),直到发生另一次干扰,或者生态演替再一次达到顶级群落。

导致成熟群落被生态演替的又一个早期阶段所取代的干扰,其规模是不同的。因此,景观马赛克由许多不同大小的斑块拼接而成。例如,闪电击中了森林中的一棵树,这棵树枯死并倒下后,在森林中打开了一个小空地,而这个空地就被早期演替的物种所占据。而在另一种极端情况下,一场飓风、火灾或大规模砍伐,可以摧毁数百平方公里的森林。 82

## 生态演替中正反馈与负反馈的相互作用

本节对生态演替中正反馈与负反馈之间的对立关系进行考察。负反馈倾向于让生态系统保持同一状态(生态系统原态平衡),但它们会随着正反馈的作用,从生态演替的一个阶段变化到另一个阶段。

我们再来看一下一个生态系统从草丛群落到灌木群落的演替过程。一开始,某个生态系统的地面被草覆盖(图 6.4A),灌木或许存在,但它们还比较小而且分散。这个生态系统可能保持这种状态 5—10 年或者更长时间,因为草丛的根在土壤的上层,而大多数灌木的根相比草丛而言在土壤的下层,草丛在雨水到达灌木根部之前拦截了大多数的雨水。由于草丛限制了灌木种子的水分供给,它们将整个生态系统保持为草丛生态系统。在这个阶段,负反馈的作用是使生物群落保持不变。

然而,若干年后,那些慢慢生长的乔木或灌木,终于高到足以遮住其下的草丛(图 6.4B)。于是草丛用以进行光合作用的阳光减少了,其生长受到限制。这样的结果是灌木有了更多的水分,生长得更快,并遮住了更多的草丛。这个正反馈的过程使灌木取代了草丛,它们控制了可用的阳光和水分,而草丛显著减少。

83

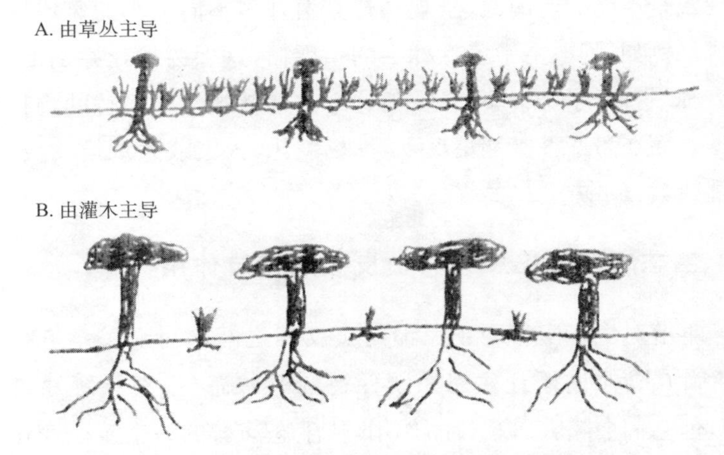


**图 6.4　灌木和草丛之间对阳光和水分的竞争**

这个例子显示了负反馈是如何使一个生态系统保持在生态演替的一个阶段的,直到这个生态系统中的某些部分出现了足够多的变化以至于引起一个正反馈循环,从而使生态系统进入演替的下一个阶段。这个例子涉及的不仅仅是草丛、灌木和乔木,相同类型的正反馈与负反馈之间的相互作用也不仅仅在生态演替中发挥作用,在所有复杂适应性系统的许多行为中也是成立的。生态系统、社会系统和其他复杂适应性系统在长时间内几乎保持同一状态,因为负反馈一直占主导地位,直至某个小变化引起一个强有力的正反馈循环，从而导致系统的快速变化。之后负反馈又取代正反馈以使系统保持其新的结构。

### 城市演替

城市生态系统及其社会系统以类似于生态演替的方式发生变化。随着城市的生长，其内部的每个街区都经历着社会系统的变化。一个街区能在25—100年的时间段内发生剧烈变化。在一段时间它可能主要是居住街区，而在另一段时间则变成商业街区或者工业区。街区在一个特定时期内经历增长、活力和发展，而当增长与活力的中心转移到其他街区时，它们则会退化。对整个城市而言也同样如此。随着增长和活力中心从一个城市转移到另一个城市，城市经历着发展和衰退。

## 人类导致的演替

人类行为可以对生态系统及其演化方式产生强有力的影响。这被称为人类导致的演替，其经常可能导致无法预料的变化，而且有时会严重损害人们从生态系统中获得的利益。对南太平洋小岛周围的潟湖的污染就是一个突出的例子。现在许多南太平洋社区都消费着进口的包装食品或罐装食品，而将空罐子和其他废弃物丢进垃圾堆。从垃圾堆流出的雨水污染了潟湖，使鱼类和其他海产品的数量减少。海产品的减少迫使人们购买更多的劣质罐装食品，从而加剧了污染，减少了潟湖中鱼的数量。这一正反馈循环改

84

变了潟湖生态系统，也降低了人们的饮食质量。

## 过度放牧导致的牧场退化

过度放牧对牧区生态系统产生的影响是人类导致的演替的另一个例子。当一个草场生态系统中拥有的食草动物（如羊和牛）数量比其承载力所能支撑的动物数量多的时候，就会导致过度放牧。

牧场通常由不同种类、不同营养价值的草混合而成。为避免被动物食用，许多种类的草没有营养，有些甚至有毒。由于牧牛知道哪种草好吃，哪种不好吃，它们会挑有营养的吃而留下其他的。在同一牧场中，不同种类的草为土壤中的矿物质营养素（主要是氮、磷和钾）、水分和阳光相互竞争（图 6.5）。只要没有哪一种草占据优势，不同种类的草就可以在同一生态系统中混合共存。然而，如果某些草种身处劣势，它们最终会消失并被其他草种所取代。

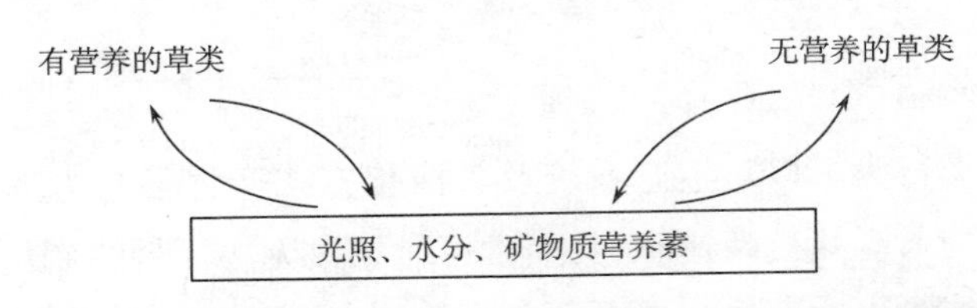


**图 6.5　有营养的草和无营养的草之间为阳光、水分和矿物质营养素竞争**

过多的牛长时间吃草会导致什么情况呢？由于牛会选择有营养的草，这些种类的草在与其他无营养草的竞争中就处于一个不利的位置。有营养的草的数量减少，为其他种类的草的大量地生长和增加留下了更多的资源。一个无营养草类取代有营养草类的正反馈循环开启了。跟随图 6.5 中箭头的方向,可以看到每种草都有一个正反馈循环,首先通过其在土壤中的"食物",然后通过其他种类的草。这个取代过程可能会经历数年,但当其完成时,牧场就由一个各种草类混合而成的生态系统转变为一个低营养价值草类主导的生态系统。结果,牧场对牛的承载力较先前低了很多。

## 沙漠化

草地生态系统是区域演替中的一个早期阶段,成熟的生态系统是森林。然而,草地生态系统在草原地区是顶级生态系统,这些地区没有足够的降水来支撑森林。沙漠生态系统在没有足够降水支撑草地的地方是顶级生态系统。沙漠化是指气候适合草地的区域从草地生态系统向沙漠生态系统变化的过程。那里有足够的降水支撑草地,但过度放牧会使草地变为沙漠。

在一个健康的草地生态系统中,地表都被草覆盖,这些草保护土壤免受风雨的侵蚀。如果存在过多的牛,覆盖在地表的草就会减少。逐渐地,风雨就会从地表带走不再被草保护的肥沃的表层土。当表层土丧失,土壤的肥沃程度就会减小,其涵养水分的能力也会降低。然后草就会生长得更慢,并被根部能吸收土壤中更深层水分的灌木所取代。由于灌木对牛是没有营养价值的,对牛的承载力也下降了。之后人们可能用山羊代替牛,因为山羊吃牛所不吃的灌木。山羊也吃草,但它们把草连根拔出。如果存在过多的山羊,就会破坏剩余的草丛,从而更多的地表会失去其保护性的覆盖物(草)。侵蚀变得更加严重,最后土壤严重退化以至于草再也不能生长了。草地就变成了散布着灌木的沙漠(图 6.6)。

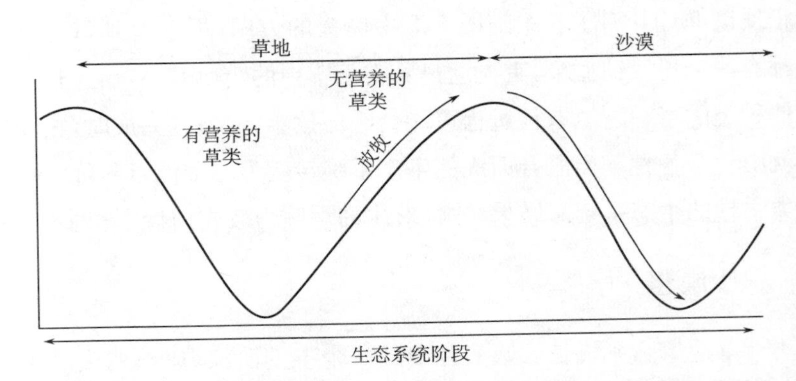


**图 6.6　人类导致的演替:一种过度放牧造成的由草地向沙漠的转变**

这些变化是缓慢的。一个草地生态系统转变成为人们提供极少食物的沙漠生态系统需要 50 年或更长的时间。整个生态系统改变了。沙漠灌木取代了草,生物群落中的其他部分由于依赖于植物,也发生了变化。自然条件也发生变化,并且经常是不可逆转的,因为退化的土壤不能蕴藏足够的水分来支撑草的生长。即使移走所有放牧动物,沙漠生态系统也不能再变回草地生态系统了。

86

在全世界范围内,每年约有 50 000 平方公里的草地变为沙漠。其原因是复杂多样的,但过度放牧经常是主要原因。为何结果如此惨重,人们还在草地上过度放牧? 主要原因是人口过剩。许多草原地区的人口数量已经超过了当地生态系统的承载力。人们需要放牧更多的动物,因为他们需要这些动物来养活自己,即使这意味着未来牧场的食物会变少。沙漠化助长了一些地方如西非草原的饥荒。这是一个人口过剩导致人类社会及其生态系统一起崩溃的例子。

## 渔业演替

商业捕鱼会给海洋和湖泊中的鱼类数量带来深远的影响。如果捕鱼者集中大量捕捞少数几种高商业价值的鱼类，这些种类的鱼较之与其竞争食物来源的其他种类的鱼就拥有更高的死亡率。有商业价值的鱼类数量下降，并被杂鱼和其他低商业价值或无商业价值的水生动物所取代，这被称为渔业演替。这与过度放牧导致的有营养草类被无营养草类代替的生态过程基本上是一样的。从20世纪40年代到50年代，加利福尼亚海岸的沙丁鱼数量减少，并被凤尾鱼所取代。虽然长期的气候或生物循环在其中扮演了一定角色，但过度捕捞被看作是导致这一变化的根本原因。以一种类似的方式，从20世纪60年代到70年代，由于大量捕捞，秘鲁和智利海岸的沙丁鱼取代了秘鲁鳀。同样的故事在世界上其他海洋和湖泊鱼类身上已经发生了无数次。 87

当这种情况发生时，某种特定鱼类数量的下降会通过水生生态系统启动一个效应链，以很多其他方式改变生物群落。自然环境有时也会发生变化，消失的鱼类有可能在过度捕捞停止后也不再回来了。当人们破坏了某个生态系统的一部分，它就通过变成另一种不同的生态系统来适应，而变化后的生态系统就可能不会像之前的生态系统那样服务于人类的需求了。生态系统的变化“锁定了”其将成为一个新的生物群落（图6.7）。

## 人类导致的演替的“好/不好”原则

沙漠化和渔业演替是一些用以说明生态系统更普遍的显性属性

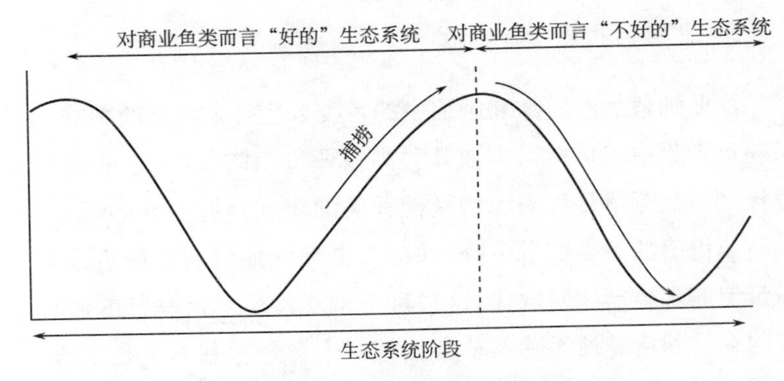


**图 6.7 过度捕捞导致商业鱼类的消失**

的案例。人类导致的演替可以使生态系统从一个能服务于人类需求的稳定状态(好的)转变为另一个不能服务于人类的稳定状态(不好的)。

只要人们不使生态系统改变太多,这些生态系统就持续保持在“好的”状态。如果一个生态系统被改变得太多,自然和社会力量会使其进一步改变到一个不同的稳定状态,这个状态可能是“好的”,但大多数时候不是这样。

在一定程度范围内,甚至在轻微过度使用的情况下,生态系统持续运行和提供服务的能力都有很大的弹性。适度的捕捞、放牧、砍伐或者其他利用方式会改变自然生态系统的状态,但生态系统会保持在同样的稳定域内,并继续供给鱼、草料或木材(图 6.8)。88 包含着健康的自然生物群落的农业或城市生态系统也同样如此,例如动物和微生物保持农场土壤的肥力,或者城市中的树净化空气。然而,如果一个生态系统被改变得太多,就会启动一个遍及生态系统和社会系统的效应链，就会更多地改变这一生态系统。鱼、草料、土壤动物或城市树木可能消失。生态系统状态会从一个稳定域过渡到另一个稳定域，并且新的生态系统可能不像之前那样能满足人们的需求。

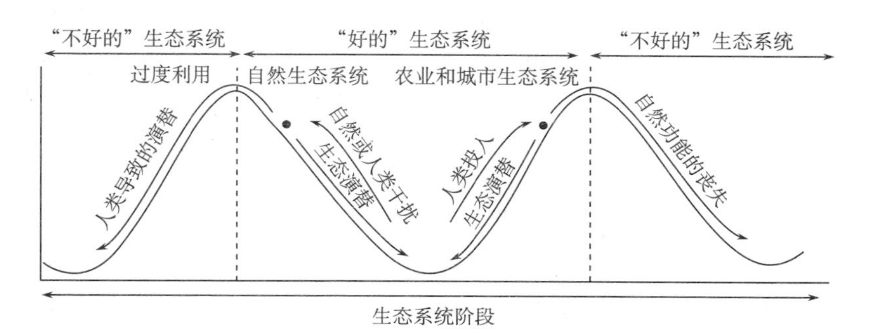


图 6.8 人类导致的演替的“好/不好”原则

# 演替管理

## 日本的传统森林管理

人类导致的演替不总是有害的。知道如何与生态系统在可持续的基础上相互影响的人们可以使生态系统以最好地服务于他们需求的方式发生变化——或不发生变化。他们可以利用自然过程使生态系统变化到某个他们需要的生态演替阶段。他们也可以组织自身在生态系统中的行为以使生物群落保持在某个想得到的演替阶段，而不是发展到一个他们不想要的阶段。

日本传统的里山（satoyama）系统（字面意思为“村/山”）是可

89 持续的景观管理的一个案例，几个世纪以来这个系统提供了乡村生活的基本画面。村民们维持了大部分的景观由年轻的橡树林和斑块状的多年生高茎草柃木(susuki)组成。柃木草长而坚韧的茎被用来盖草屋顶、作为农田里的覆盖物或肥料。村民通过割下需要使用的草茎后放火焚烧柃木草地的办法使柃木草种植区免于变化为森林。火烧死了小树和灌木丛，而地底下的草根则幸存了，并在火烧过后不久萌芽。

乡村森林是建筑材料、做饭和取暖用的木炭、作为农田覆盖物的树叶等的主要来源。橡树林比成熟的椎树和桦树林更有用，因为橡树林长得更快。村民们用了一个非常简单的方法来保证他们有足够的橡树林来满足需求。他们每年砍伐掉一小块区域内所有的橡树，以使新的橡树能从砍掉树的树桩上发芽。由于新橡树利用被砍掉的橡树的巨大根系，因此它们能飞快地生长，在20—25年之内就又能被砍伐了。当20—25年树龄的树被砍伐之后，同样的过程被重复，新树又从树桩上发出芽来，这样又一个20—25年过后就有更多的橡树可供砍伐。由于森林的不同部分在不同的时间被砍伐，景观就由不同树龄的橡树林拼接而成，这提供了林产品的多样性，以及植物、昆虫、鸟类和其他动物生活环境的多样性。

村民每年都会把椎树和桦树幼苗砍光，以使它们不能长到橡树的上方。用这样的办法他们在几个世纪的时间内保持橡树林作为景观拼接体的主要部分。每20—25年砍伐橡树是必不可少的。如果他们等待的时间过长并且不砍伐椎树和桦树，橡树最终就会被椎树和桦树取代；如果他们砍伐得太快，橡树就不会长得足够大以产生新树所必需的种子。如果没有新树，橡树林最终将消失并被其他树种取代，或者变成以草和灌木为主的较早的演替阶段。

现今的情况大不相同了。在过去40年中，日本以进口的石油和天然气替代了对木炭的使用。此外，日本从其他国家进口了大量的木材用于建设，从而减少了对其本国森林木材的使用。大多数农民在他们的农田中施用大量的化肥，取代了来自森林中的覆盖物。橡树林不再被有序地砍伐，树木渐渐变老，其中一些已经开始枯死。橡树林可能最终会被椎树和桦树林取代。

90

### 森林大火防护

时常发生的火灾——主要由闪电引起——是许多森林生态系统的一个自然部分。某些植物的种子只有受到火的刺激才会发芽。树木的枯叶堆积在地上形成*落叶覆盖层*，这为闪电引起的火灾提供了燃料。当树叶覆盖层较少时，燃料就少，火灾燃烧缓慢并且不会过热。大多数的树叶覆盖层被烧光，也有一些树上的叶子被烧掉，但很少有树被烧死。无论火灾烧死了什么树（通常是老树），新树很快就会长出来填补这个缺口。

火灾对森林有着重要的作用。落叶包含着磷和钾等矿物质，它们随着火灾造成的灰烬回到土壤中，成为树木和其他森林植物的*矿物质营养素*。然而，如果一片森林的地上有太多的落叶覆盖层，那么燃料就非常多，森林大火将在非常高的温度上燃烧。这样的火灾会蔓延到很大的区域，而且其烈度将摧毁所有的树木和埋于地下的种子。当这样的情况发生时，森林被摧毁，草地生态系统就会在灰烬上形成。重新出现森林将需要很多年，特别是当附近再也没有林地可提供种子来源的时候。

经常性的火灾是一个防止在森林生态系统中堆积过多落叶覆盖层的负反馈机制(图 6.9A)。因为经常性的火灾很少产生严重的破坏,它们是保护森林的自然方法,防止森林被严重的大火摧毁。这就是"生态系统原态稳定"。一个有经常性自然火灾的森林景观将由成熟的顶级森林附带着草地和灌木的生态系统,以及在近几年发生过火灾的区域内成熟度较低的森林拼接而成(图 91 6.10)。每一块地的生态系统种类取决于距离上一次火灾过去了多少年以及火灾的严重程度。人们通常认为一个由不同类型森林和开敞区域拼接成的变化的马赛克景观比一致的森林景观更令人愉快。

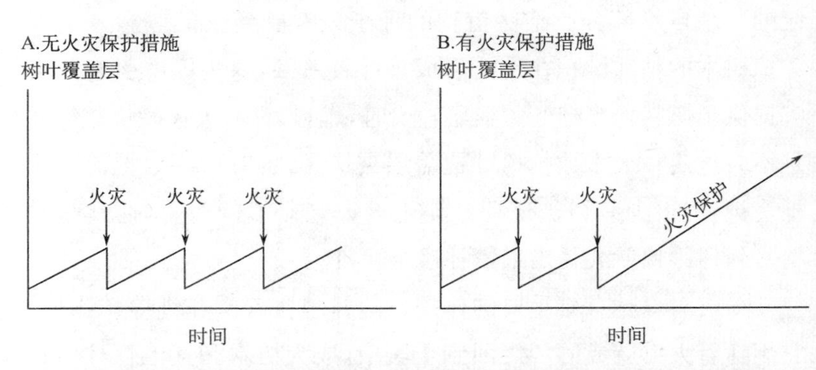


**图 6.9　森林落叶覆盖层通过火灾进行的自然调节(无火灾保护措施),以及火灾保护下落叶覆盖层的堆积**

1900 年前后,美国森林协会由于林务官不理解经常性森林火灾的价值,出台了一项保护森林免遭火灾的政策。他们不想让森林中

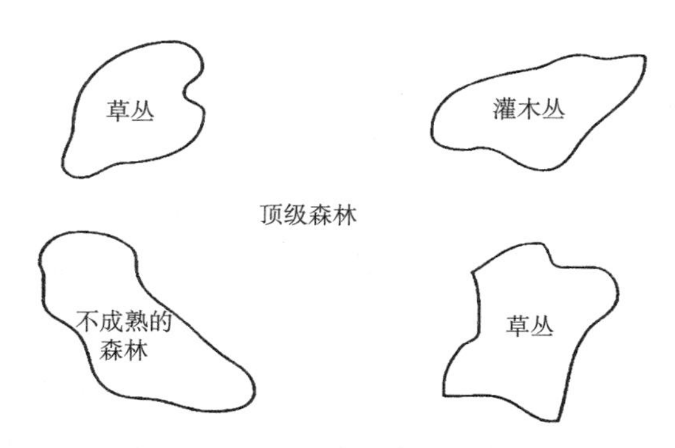


**图 6.10 无火灾保护措施的森林地景马赛克**

的任何一棵树毁于火灾。在 80 年的时间里，他们总是尽快扑灭所有的林火。由于这么长时间以来都没有经常性的小火灾来释放落叶覆盖层，导致越来越多的落叶覆盖层堆积在地上（图 6.9B）。到 1980 年，森林中的落叶覆盖层堆积到了一定程度，越来越易受到火灾影响了。现在森林火灾变得很难控制，特别是在美国西部广大的干旱地区。

森林协会越想保护森林不受火灾影响，问题就变得越糟糕，因为每场火灾都变得更难扑灭，而且可以摧毁巨大区域内的自然环境。森林保护的代价变得越来越昂贵，因为需要用大量的消防队员、救火车和飞机来洒水。尽管作了许多努力，数千平方千米的森林有时还是会被一场火灾摧毁。

这个例子显示了由于人类干涉作为“生态系统原态稳定”的自然部分的火灾，导致火灾变成一种干扰，破坏了成熟生态系统 92 并使之转换为演替的较早阶段（草地生态系统）。解决这个问题的办法是利用“受控燃烧”以释放落叶覆盖层和利用“选择性砍伐”以控制为火灾提供燃料的树木。这是森林协会目前正在做的事。即使有大量的落叶覆盖层，如果是潮湿的就不会燃烧到很高温度，因此林务官就有机会（例如雨后）放火烧掉堆积的落叶覆盖层而不破坏树木。这些新的森林管理行动是与自然反馈循环相协调的，而不是与之对着干。然而，纠正这种情况并不容易。许多森林仍然有过多的易燃材料，如腐烂的树木、树叶或灌木等。联邦政府仍然需要花费数以百万的美元来抗击破坏性的森林火灾。此外，有些受控燃烧有时会脱离控制，导致对森林无法预料的严重破坏，造成数百万美元价值的财产损失和相当大的政治争论。

森林大火的例子显示了生态系统对人类行为的反应会怎样地反直觉——与我们希望的相反。我们的行为不仅会产生我们想要的直接效果，也会通过生态系统的其他部分产生连锁效应，并以无法预料的方式反馈回来。

### 生态演替和农业

农业生态系统如农场和牧场，与成熟的自然生态系统相比包含的植物和动物种类很少。人们使农业生态系统简单化，因为简单的生态系统才能引导其生物生产量的大部分供人类使用。农业生态系统是不成熟的生态系统，并且像所有不成熟的生态系统一样，它们不断地受生态演替的自然过程的影响，使它们朝着成熟的自然生态系统变化。野草会侵占农田、昆虫和其他以农作物为食的动物也加入了这个生态系统。现代农业的基本策略是抵抗这些生态演替的力量。现代社会以原材料、能源和信息等形式,采用强烈的人类投入来阻止生态演替改变其农业生态系统。

传统农业通常遵循不同的策略。传统农业通过使农业与生态演替的自然循环相协调来限制对密集投入的需要。例如轮耕农业(也被称为*刀耕火种农业*或*轮作农业*)在土壤不适合永久农业的热带地区是很普遍的。轮耕农业在以下情况中特别有用: 93

- 易被侵蚀的曾经是森林的山坡地,即毁林屯垦的地方;
- 贫瘠的森林土壤,这种土壤容易过滤掉植物性营养,使其流失到农作物根部达不到的土壤深度。

轮耕农业的一个典型步骤是通过砍伐和焚烧乔木和灌木清除掉一小块森林。火是轮耕农业中农民利用大量自然能准备耕作土地的一种手段。火将乔木和灌木燃为灰烬充当天然肥料,并将土壤中的有害物杀死。灰烬提供了自然的石灰以保证土壤的 pH 值适于农作物。农民可以在这片清理过的土地上种植一到两年的农作物。之后,土壤肥力下降而作物病虫害增加,以至于收成小到不足以平衡投入。农民在这些问题成为现实之前放弃这块土地,转移到森林的另一部分,重新清除一小块森林来进行耕作。被放弃的土地将休耕至少 10 年。

一旦一块土地休耕,很多植物和动物就从周边的森林中侵入,衍生出一系列生物群落,按照通常的生态演替序列从草地和灌木丛演变到树木。自然生长的植物和树叶覆盖层保护土壤不被侵蚀。由于深根系的树木将植物营养输送到树叶上,而叶子最终会落在地上,土壤肥力最终被森林“*营养泵*”重新抽取到了土壤表层。害虫由于失去了作为食物的农作物而不能在自然生态系统中生存于是消失了。在休耕约 10 年后农民又可以回到同一块地方,重复砍伐和焚烧乔木和灌木丛并种植农作物的过程。临时性农业的景观由小斑块土地拼接而成,其中一些是有农作物的农田,而大多数则是处于不同生态演替阶段的休耕的森林。

当人口数量足够小,农民可以在必要的长时间内休耕土地时,轮耕农业是一种高效和生态可持续地利用贫瘠土地的方式。不幸的是,轮耕农业在人口数量太大时就不起作用了。当土地供给短缺时,农民被迫在休耕的土地有足够的时间积储肥力之前,就清除森林、种植作物。结果产生了土壤退化和作物减产的恶性循环。发展中国家的人口激增已经使很多地方的轮耕农业从生态可持续转变为不可持续。解决这个问题的一个办法是"农业林业",即将灌木或乔木作物如咖啡树或果树与常规粮食作物相混合,以创造一个模拟自然森林生态系统的农业生态系统。

94

印度尼西亚爪哇岛的人口规模太大以至于不适合发展自然森林休耕的轮耕农业。大多数爪哇岛农民很贫困,因为他们必须用仅有的一到两公顷的土地来满足所有家庭成员的需要,但他们通过模拟生态演替自然循环的传统农业,尽量使这样的困难处境得以改善。他们一开始混合种植多种作物,如甘薯、豌豆、玉米和一些其他速生的粮食作物。在同一块地上他们也分散种植了竹子或者树木。速生粮食作物在最开始几年内占主导地位(图 6.11 中的 Kebun 农业生态系统),而树木或竹子后来就接替了主导地位(图 6.11 中的talun)。一旦树木和竹子足够大,他们就进行收割,用作建筑材料和燃料,然后清理土地,焚烧未利用的植物原料,并再一次混合种植粮食作物和树木。爪哇岛的很多景观看起来像自然森林，但事实上是精心培养的“农业林业”——充分利用生态演替的农业循环中的“森林”阶段。每个家庭管理一小片处于不同循环阶段的田地——景观拼接体的不同部分，因此他们有着各种食物和其他所需原料的持续供给。

**图 6.11　爪哇岛混合种植农田的演替，从一年生粮食作物主导转向木本作物主导**

资料来源：Christanty, L, Abdoellah, O, Marten, G and lskandar , J (1986) ‘Traditional agroforestry in West Java: The *pekerangan* (homegarden) and *kebun-talun* (annual-perennial rotation) cropping systems’, in Marten, G, *Traditional Agriculture in Southeast Asia: A Human Ecology Perspective*, Westview, Boulder, Colorado.

95

## 需要思考的问题

1. 你所在区域典型的自然演替顺序是怎样的(参考图 6.1 和图 6.2)? 不同区域的自然环境是否具有不同的演替顺序? 偶然性在实际发生的演替中扮演什么样的角色?

2. 你所在的区域中有人为影响自然演替的案例吗？什么样的人类行为导致了这些事情的发生？它们是可逆的吗？

3. 跟你的祖父母或其他在你老家地区长时期居住的亲戚交谈。那里的自然、农业和城市生态系统发生了怎样的变化？将你家周围1 000米范围内50年前的景观马赛克绘制成一张地图。将50年前的地图与第5章“需要思考的问题”中要求的图（即现在的生态系统地图）相比较。过去50年中景观马赛克发生了怎样的变化（如果50年前你所在的区域没有房子，就绘制一张年代更近一点的地图，如30—40年前的地图）？如果可能，按时间顺序绘制一系列显示景观马赛克逐渐变化的地图。

（郭婧译　马婷校）

# 7　人类社会系统和生态系统的共同进化和相互适应



前面几章介绍了社会系统和生态系统中新出现的一些特征。本章将主要介绍相互作用下的社会系统和生态系统中的两个紧密联系的显性属性:(1)共同进化;(2)相互适应。本章整体介绍同一个生态系统中的动植物和微生物在进化过程中的共同进化和相互适应。共同进化和相互适应是一个永不停息的相互协调和改变的游戏。在人类和生态系统的其他组成部分之间存在着相同的游戏规则(图 7.1)。人类社会系统适应他们的环境——生态系统,同时,生态系统本身也在适应着人类社会系统。自然生态系统和人工生态系统(包括农业生态系统和城市生态系统)的自然部分,通过作出调整来应对人类的干涉,提高生存的可能。正如人们通过改变自身来适应变化着的社会一样,农业和城市生态系统自身也在进化并不断适应社会系统。本章以社会系统和生态系统相互适应的两个实例作为开头,以工业革命刺激下现代化社会系统和农业生态系统之间发生的适应性变化的实例作为结束。

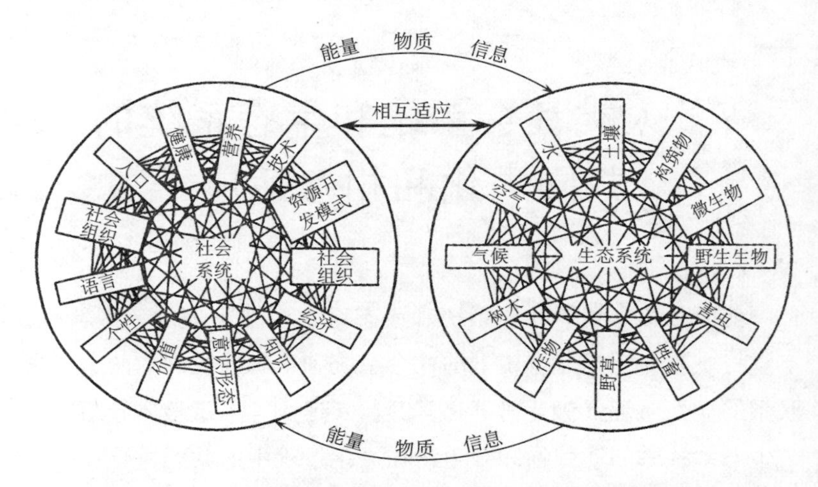


**图 7.1　人类社会系统与生态系统之间的共同进化和相互适应**

资料来源：Adapted from Rambo，A and Sajise，T(1985)*An Introduction to Human Ecology Research on Agricultural Systems in Southeast Asia*，University of the Philippines，Los Banos，Philippines.

97

## 传统社会系统中的相互适应

关于传统社会 的演变过程有丰富的实例可用来阐述社会系统和生态系统之间的相互适应。数百年来文化的探索和发展使得传统社会系统的许多因素被调整得更适应其环境。下一段中将包含两个故事，用来阐述社会系统与传播疾病的蚊子之间的相互适应过程。第一个故事关注的是人类社会系统的房屋设计和生态系统中的蚊子、疟疾之间的相互适应。第二个故事则是关于生态系统中的蚊子和社会系统中的杀虫技术之间的相互适应。再后面的实例则关注美国本地人是如何利用火影响景观格局的。

### 人类和蚊子的相互适应

大约 100 年以前,法国殖民者将大量的越南人从低地转移到山区,他们希望有更多的人在山区砍伐森林、种植橡胶或者开采锡矿。不幸的是,当这些人被迫在山区生活时,那些长期生长于低地的人很容易因感染疟疾而死亡。奇怪的是疟疾在越南从来都没有构成严重的威胁。尽管疟疾是由蚊子传播的,但对于低地人来说,在低地辽阔的稻田中繁殖的这类蚊子并不传播疟疾;尽管山区中有传播疟疾的蚊子种类,但这种疾病也从未给那些世代生活在山区的人们带来严重的问题。正是由于疟疾的传播,法国政府一直没能成功地将大量越南人迁入山区。 98

为什么长期生活在低地的人到山区很容易感染疟疾而山区本地人却不会呢?答案是不同的建筑文化造成了这样的差别。生活在山区的人们建造房屋时将房子架空在地面上,把水牛等饲养动物养殖在房屋地面层,而在房屋架空层里面生火做饭(图 7.2)。蚊子靠近地面飞行,更倾向于叮咬动物而非人类,又由于被灶火产生的烟尘驱赶,蚊子很少会飞入人居住的房子,因此它们就会叮咬房屋底下的动物而非高处房屋里的人类。

而生活在低地的人们,在地面上建造他们的房屋,将动物饲养在远离房屋的地方,并且在室外生火做饭(图 7.2);当他们搬到山区后,他们仍然保持这种传统的做法。蚊子很容易飞入地面高度的没有烟尘的房屋中叮咬人,因为周围并没有能够吸引它们的动

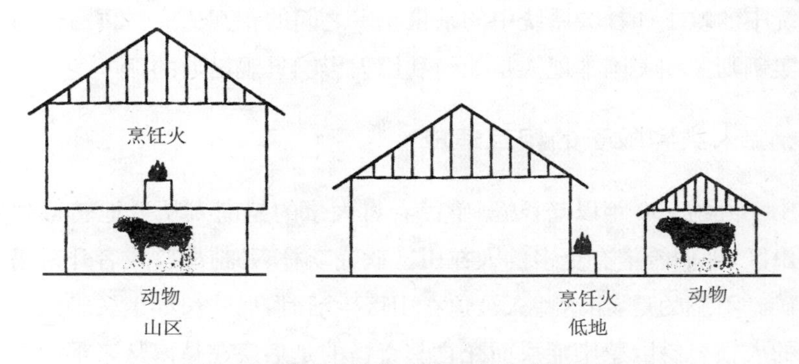


图 7.2 越南山区与低地的传统房屋设计

物。低地房屋的设计模式在低洼地区非常合理，但是却不能适应山区的生态系统。

山区的人们并未意识到蚊子携带着疾病，并且在无形之中因其房屋设计模式而避免了被传染。在那时，科学家并未发现蚊子在疟疾传播中扮演的角色，世界各处的人们都认为疟疾是由精神状况或水源污染而引起的。如果有人问山区人为什么以如此特殊的方式建造房屋，他们会说这是一个传统。他们的房屋设计是为了适应包括健康问题在内的所有需要，并且历经几个世纪的文化演化而产生的。

99

在 20 世纪 40 年代科学家发明了 DDT。DDT 是一种有效对抗传播疟疾的蚊子的杀虫剂。由于传播疟疾的蚊子会停留在房屋的墙上，并且 DDT 第一次施用之后会停留在物体表面长达数月，因此每年将 DDT 喷到房屋的墙上有限的几次便能杀死几乎所有的蚊子。20 世纪 50 年代，世界卫生组织举办了世界 DDT 技术大赛来对抗疟疾,最初起到很大的作用——到20世纪60年代末,疟疾几乎消失了。然而到20世纪70年代,蚊子又出现了,随之而来的还有疟疾。而现在,全球每年大约有5亿人承受着疟疾带来的痛苦,其中有几百万人因此而死亡。

蚊子重新出现是因为它们对DDT产生了抵抗力。具体来说,有少数蚊子具有保护它们不被DDT杀死的基因。随着DDT的大量使用,这种抵抗DDT的基因在蚊子种群中迅速传播,这是由于大多数蚊子被DDT杀死,而带有这种基因的蚊子幸存了。在有些地区,蚊子的行为发生转变,蚊子开始倾向于停留在房屋外面的蔬菜上而非喷有DDT的室内的墙壁上。因此,DDT已不再是有效控制疟疾的技术。那么,用其他的杀虫剂会怎样呢?DDT是一种很便宜的杀虫剂,然而其他所有的杀虫剂对于大面积使用来说都太昂贵了。大多数国家放弃了控制疟疾的努力,从那之后在控制疟疾这个领域很少有新的进展。在有些地区,抗疟疾药物的使用可以降低疟疾带来的痛苦,但是由于传播疟疾的寄生虫已经对它们产生了抵抗力,许多这类药物已经没有药效了。

关于人类和蚊子之间的相互适应在第12章将会有详细的说明。

### 美洲原住民对火灾的控制

第6章中提到的关于森林火灾保护的实例解释了美国森林协会是如何认识到控制火灾在森林管理中的意义。早在欧洲人登陆北美大陆之前,美洲原住民对此就已经有了深刻的认识。因为美洲原住民与北美生态系统共同进化了上千年，他们利用这片土地100的社会系统和技术方法已经高度适应这里的环境。控制火灾是森林管理工作中重要的组成部分。他们焚烧森林是因为他们知道频繁的森林火灾是维持健康森林生态系统的一种方法。他们同样也会利用火灾控制来对其他生态系统（如草地生态系统）进行小规模修补。相对于只有森林的景观系统，一个由不同发展阶段的生态系统拼接而成的景观系统能够提供更多的野生动植物作为食物来源。欧洲人来到北美洲之后，由于他们的社会系统并不能适应北美的生态系统，因此他们犯了无数的错误（第 10 章提供了一些实例来说明由于欧洲人与北美原住民之间的文化差异而对环境产生的影响）。

## 从传统农业到现代农业的社会系统与生态系统共同进化

生态系统适应人类社会系统存在两种途径：(1)生态系统通过改变自身来应对人类的行为；(2)人类改变生态系统，使其适应社会系统。

有关蚊子的案例已经阐明了自然生态系统是怎样改变自身的——为应对 DDT 带来的高死亡率，蚊子进化出了 DDT 的抗药性种类。农业生态系统和城市生态系统的自然组成部分也通过改变自身来适应人类的活动。而二者的人工组成部分也会随着社会系统的改变而改变。人类在促使农业生态系统和城市生态系统适应他们的社会系统的同时，也通过改造他们的社会系统来适应农业生态系统和城市生态系统。工业革命之后的农业现代化则体现了社会系统与农业生态系统共同进化的过程。

在工业革命以前，人们就已经深刻认识到环境方面的约束。他们的文化价值、科学技术、社会组织以及社会系统的其他组成部分早已与自然系统紧密联系在一起。当时，大多数人是从事小规模生存(subsistence)农业生产的农民；大部分农业生产活动都是 101 以家庭为单位自给自足的。大多数家庭都饲养了各种各样的农场动物，并栽植各种作物来满足家庭的衣食需求。农业生产技术是适应当地传统环境的。每个家庭能够耕作的土地量受到了农业生产所需要的人类劳动力或者动物劳动力数量的限制。大多数农民在同一片耕地中同时混合种植多种作物。图 6.11 所示农业生态系统展示了多种作物的混合种植。

多种作物的混合种植有多方面的优势：

- 这种做法能够保护土壤免于被侵蚀，并在不使用化学肥料的情况下使土壤保持肥力。多种作物混合种植能够让植被种类数量增多，从而充分利用土地。与之形成对比的是，种植单一栽培的作物的土地往往会有大量的裸露地表未被利用。多种作物混合种植能够避免土壤被雨水冲刷，从而保护土壤少被侵蚀。当作物的某些不被利用的部分通过犁耕重回土壤时，可以为土壤提供相当数量的有机肥料。如果耕地中的有些作物为豆类植物(比如说大豆或者豌豆)，那么它们根部的细菌会将大气中的氮元素转化为植物可以吸收利用的氮素化学形态。

- 这种做法能够控制自然中的害虫。农业生产中的害虫通常是针对某一种特定作物而言的。比如说，如果一片耕地完全种植玉米作物，那么针对玉米作物的害虫就会不断繁殖，如果不用杀虫剂便会造成很大的损失。然而，如果一片耕地上种植了不同的作物，只有一部分是玉米作物，那么针对玉米作物的害虫就不容易找到它们的目标；在这种情况下，它们就不会过度繁殖，从而避免造成过大的损失。多种作物混合种植也为以害虫为食物的鸟类和食肉昆虫等动物提供了良好的栖息地。食肉动物的存在对于害虫来说是一种自然的控制。在现代化农业中，化学杀虫剂的使用在杀死害虫的同时也杀死了很多食肉动物，因此失去了很多对害虫的自然控制。

- 这种做法使得农民通过多样性的投资降低了风险。如果某一年的气候状况对某些作物种类不利，而很有可能并不是对所有的作物都不利。如果某一些作物的市场价格较低，则很有可能另外一些作物的市场价格较高。

工业革命使得机器代替人类和动物劳动成为可能，比如进行土地耕作和作物收割，欧洲的农业随之发生了变化。农业生产走向机械化，农业生产链如图 7.3 所示。机器的利用扩大了农民的耕作半径。由于机械化农业生产在大规模经营的条件下更加高效，因此农场规模急剧扩大。这些在社会系统中产生的最初变化得到了生态系统一连串的积极反应；反之亦是如此。

随着农场规模的扩大，农民在自给自足的基础上有能力生产出多余的产品，因此他们开始从自给自足的家庭生产走向了市场经济。大规模的农场也意味着产生了能够支撑城市需求的剩余产品。许多人开始离开农村迁移到城市，因为那里有更多的经济

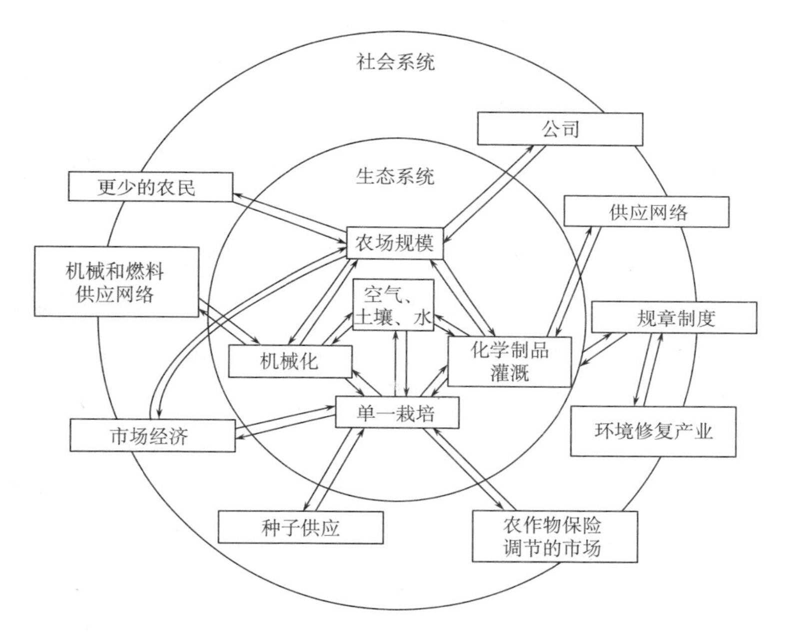


**图 7.3　工业革命后社会系统与农业生态系统的相互作用**

机会。

农业生态系统的主要变化之一是从混合栽培向单一栽培转变。伴随机械化的过程，农业机械的使用更加有利于单一作物的栽培，因此农民不再混合栽培作物。市场经济同样为混合栽培向单一栽培的转变带来动力。因为对于农民来说，生产和销售单一作物更容易。混合栽培向单一栽培的转变也引发了其他变化。单一栽培不能像混合栽培那样，能保护土壤免于被侵蚀，并保持土壤的肥力。在单一栽培中，由恶劣天气和害虫侵袭带来作物减产的可能性也会更大，因为单一栽培是“把所有鸡蛋装在了一个篮子

103 里”。结果，让农业更加独立于环境变得十分重要，人们试图通过采取各种措施，如灌溉、施用化学肥料和杀虫剂来实现——随着科学技术和化石能源的发展，所有这些措施都是可以实现的。

政府逐渐开始致力于为这种新型农业体制研究更好的技术：通过高投入（例如化学肥料、杀虫剂等）来获得产量更高的多种改良作物类型，以及提高技术以便更好地利用这种投入。为了向农民提供机器、化学制品以及高产量的作物种子，还建立起贸易网络。由于单一栽培技术的高风险性，农作物保险和市场管理（包括政府津贴）等体制开始建立。

技术上的进步使得单一栽培比混合栽培更加具有优势。由于不同的植物具有不同的生长需求，混合种植中的环境条件对于种植在一起的所有作物来说可能并不是最理想的。而单一栽培对于农民来说更容易通过高投入来为作物提供最佳的生长环境，从而获得最高产量。

农民改变了他们的信仰体系——他们的世界观。工业革命发生后，技术、机器和化石能源似乎马上将人们从许多环境限制中解放出来。人们开始更多地从经济角度考虑农业——就像是一个商业企业——而较少从环境角度考虑农业了。每个人都相信未来会产生科学和技术的进步，会给资本积累和经济发展提供无限的可能。最终，许多农场被大公司接管，农业变得越来越“纵向整合”。如今，许多拥有超市的公司也同时拥有为其超市提供货源的农场和食品加工厂。

近些年来，环境问题以及化学肥料和杀虫剂的使用对人类健康产生的影响越来越明显，人们最终不得不改变已有的观念。政府开始规范化学制品的使用，并开始研究怎样应对使用化学制品带来的问题。为解决农业以至其他领域产生的污染问题，一个新兴的环境产业出现了。

纵观历史，社会系统和农业生态系统通过各种方式作出了改变，从而能够更好地一起发挥作用。同样的道理也适用于今天。现代社会系统和农业生态系统仍然在共同改变以保证更好地相互适应(图 7.4)。现在的问题是现代农业生态系统已经丧失了对它们周围自然生态系统的适应能力，而农业生态系统需要依靠自然生态系统才能保证长期持续发展。现代农业生态系统依赖于大规模的化学肥料和杀虫剂的使用，对于自然资源来说可能是不可持续的；另外，耕地中流出的化学肥料和杀虫剂也给周围的生态系统带来了污染。现代农业生态系统同时也大量地依赖于自然生态系统的能量输入，比如说灌溉水，而这种能量输入也可能并非是可持 104

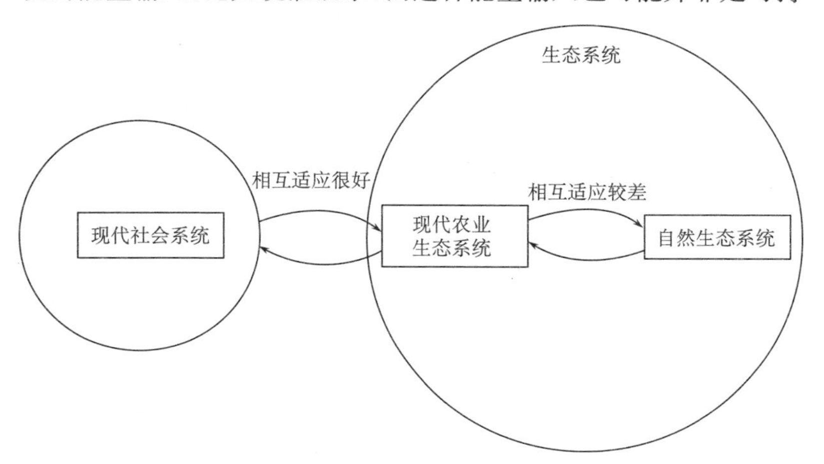


**图 7.4　现代社会系统与生态系统的相互适应**

续的。

最近流行的有机种植是转向与自然生态系统和谐相处的农业生态系统的最好体现。有机农场中的农民正在选择回归传统农业方式、施用有机肥料，以及考虑采用环境控制害虫的良性方法。这样的农业生态系统并不依赖于化学制品的投入，从而对周围生态系统带来的污染最小化。随着市场上对有机食品需求的增长，农业科学家和农民将会开发出新的生态型健康农业技术。

105

## 需要思考的问题

1. 思考本章中提到的社会系统和自然生态系统在传统农业向现代农业转变过程中共同进化的例子，列出图 7.3 中每个箭头上所发生的事。
2. 向农民了解你所在地区的农业生态系统过去 50 年的变化情况。问题包括：

• 50 年前的物质投入以及这些投入在 50 年中发生了怎样的变化。

• 农业生态系统组织结构的变化，还有种植方法和能量输入在过去 50 年中是如何变化的。

• 将社会系统中的变化联系起来（比如在农民生活方式、本地社区组织、农场所有权、农业组织和农产品市场、食品进口、政府所扮演的角色等方面发生的变化）。

3. 思考你所在地区的农业与自然生态系统之间的能量输入—输出交换以及其他相互作用。农业生态系统与自然生态系统是否能很好地相互适应？农业生态系统与自然生态系统的关系是否是可持续的？
4. 你所在的社区、城市和国家的社会系统是如何与当地的环境相适应的？列出这些社会系统与环境相适应的途径。

（张晓明译　郭婧校）

# 8 生态系统的服务功能

生态系统提供的食物和自然资源是我们赖以生存的基础。这些资源中的大多数都是可再生的，因为生态系统是在可持续的基础上提供这些资源的。人们消耗资源，然后将污水、垃圾以及各种工业废弃物还给生态系统，生态系统通过处理这些排放物，使它们能够再次被人类使用，从而实现了资源的再生（图 8.1）。这一过程需要太阳来提供源源不断的能量。太阳能通过生态系统为一切人和动物的物质循环提供能量，这些能量支持了自然资源的再生以及容纳再生过程中产生的废弃物。

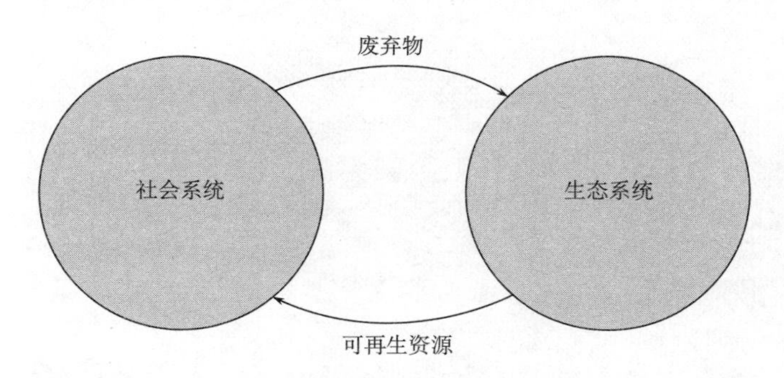


**图 8.1　人类消耗可再生资源的同时将废弃物归还生态系统**

自然资源的再生是生态系统服务功能的主要部分。这些服务不仅仅依赖于太阳能，更有赖于一个健全的生物群落将物质和能量以能被人类所接受的形式传递给人类。生态系统之所以能提供这种服务，源自它自身的两个重要特性：物质循环和能量流动。如我们所知，物质循环而能量并不循环，能量只是经由生态系统传递出去。

近年来，经济发展带来的人口爆炸和消费水平的提高使得人们对生态系统服务功能的需求也在不断加大。当人类试图从生态系统中索取更多东西（过度开发生态系统的服务功能）的时候，得到的反而更少，因为生态系统提供服务的能力被破坏了。如果人类这种过度的需求继续发展下去，生态系统将会受到更多的影响从而导致其服务功能完全消失。这种消失可能是不可逆的。回想一下我们在第6章里提到的过度捕捞和由过度放牧导致的草原沙漠化。过度开发将使一个生态系统转变到一个新的稳定域，这意味着即使需求减少了，那些已经随之消失的功能也无法重现。 107

## 物质循环与能量流动

物质循环与能量流动是生态系统的固有特性，是生态系统生产和消费带来的结果（图8.2）。

### 生产

光合作用利用来自阳光的能量将二氧化碳中的碳添加到碳链中，这些碳链构成了植物的组织。生物生产量（也称为净初级生产量）是指植物的生长。在为所有活着的有机体提供结构材料之外，

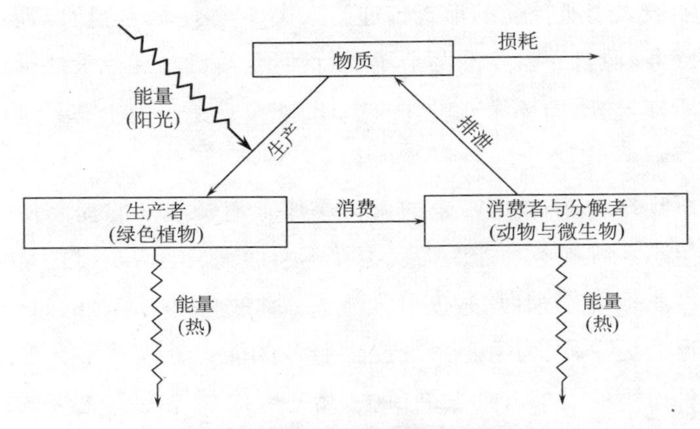


图 8.2　生态系统的物质循环和能量流动

碳链还贮存了大量的能量,这些能量可以用于新陈代谢“工作”。

## 消费

动物和微生物以植物、动物和微生物为食,这些食物中的碳链被用于:

- 构建自身生长的单元;
- 作为新陈代谢活动(生物体用碳链构成的单元来构建自身的生理过程)的能量来源。

108　为了从碳链中获取能量,碳链被分解并以二氧化碳的形式被释放到大气中,这个过程就是呼吸作用。

## 物质循环

物质循环即物质在生态系统内部的运动,由于诸如氮、磷、钾等元素是为植物提供养分的无机物，因此物质循环也被称作无机物循环或养分循环。物质在生态系统内部的运动是通过生产与消费的循环往复来实现的。最重要的元素是光合作用所必需的碳、氢、氧，而氮、磷、硫、钙、镁则是构成生命体所需的蛋白质及其他化合物的材料。钾及其他微量元素（铁、铜、硼、锌、锰）对植物的生长也至关重要。这些元素在植物的生长过程中从土壤和水中转移到植物体内（生产过程）；而在消费过程中，碳链被分解，这些元素又重新回到土壤和水中。

动物和部分微生物属于消费者。不同的物种在生态系统中扮演着不同的角色，比如：

- 食草动物（以植物为食的动物）；
- 食肉动物（捕杀并以其他动物为食的动物）；
- 食腐动物（以死亡的动植物为食的动物）；
- 寄生动物（将其他动植物作为宿主，生活在其体内的动物）；
- 病原体（生活在动植物体内并引发疾病的微生物）。

109

消费者将食物中的碳链当作构筑它们身体的积木。当消费者从食物中摄取的养分超过了它们自身的需要时，这些额外的物质将被释放到周围的环境中去。例如，氮会以氨气和尿素的形式被排出。这些物质回归土壤，继续作为养分为植物所用。

绝大多数微生物都属于分解者，它们通过分解死去的动植物和其他微生物来获取碳链以实现自身的生长。分解者将它们食物中的一切过剩无机元素释放到环境中，这样这些无机元素就可以被植物所利用。分解者在生态系统中的基本功能在很大程度上与消费者相似。

## 热力学原理

能量存在六个基本形式：

1. 辐射能（太阳光、无线电波、X射线、红外线）；
2. 化学能（比如电池或碳链）；
3. 机械能（运动）；
4. 电能（电子运动）；
5. 核能（原子内部的能量）；
6. 热能（原子和分子的运动）。

热力学第一定律涉及能量的守恒，这一定律指出能量既不能被创造也不能被消灭，但是可以从一种形式转化为另一种形式。这意味着在能量的形式发生转换的前后，能量的总量总是保持恒定的。

热力学第二定律指出，能量在其形式转换过程中会部分地转化为低级的热能。这意味着能量的转换效率不可能是百分之百的（图8.3）。部分能量以热能的形式散失掉了。这部分“散失”掉的能量仍然是能量，但却不再是能够被动植物用来维持体力或脑力工作的高级能量。

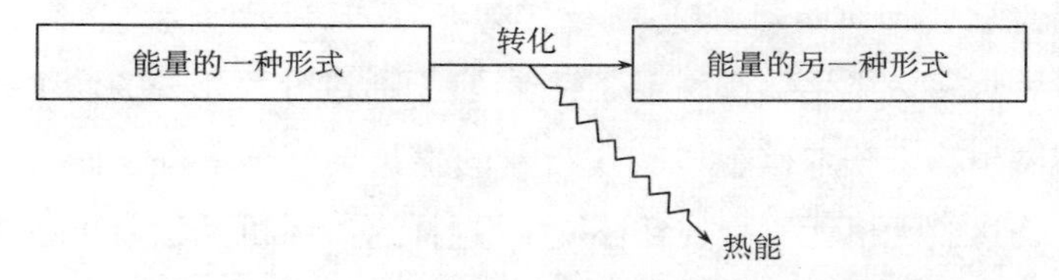


**图8.3　热力学第二定律：能量在其形式转换过程中会部分地转化为低级的热能**

热力学第二定律的一个重要推论是:宇宙中的一切系统,无论是物理系统还是化学系统,都需要能量的输入才能使其持续运作。物理与生物系统的运作包含了无数的能量转换过程。每一次物理或新陈代谢"工作"中能量从一种形式转化为另一种形式,都会有 110 能量转化为低级热能,这部分能量不再能够被利用。换言之,系统使用有用的(高级)能量的过程就是失去这些能量的过程。如果一个系统没有能量的输入,这个系统内有用的能量最终都将会作为低级热能散失掉,不会再有高级能量留在系统内维持系统的运作。输入生态系统的主要能量是太阳能。生物群落利用这一能量完成体力工作(比如动物和微生物的运动)、新陈代谢工作以及其他生态系统赖以维持其自身组织和正常运作的工作(图 8.4)。

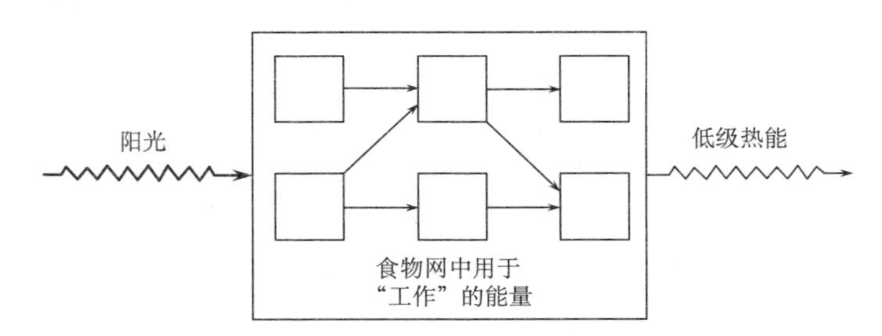


**图 8.4　生态系统食物网的能量流动**

## 生态系统中物质循环与能量流动的一个比喻

借用炉子上的一壶水,我们可以说明物质和能量在生态系统中是如何流动的(图 8.5)。火焰从壶底把水加热,提高了水的能量等级(热的物体比冷的物体能量级别要高)。由于热水比冷水要轻,被加热的水上升到水壶的上部,然后这部分热水中的能量传递 111

到上边的冷空气中，水本身又变冷了一些。失去热量后，这部分水（现在已经相对比较冷也比较重）又沉到壶底，取代了刚刚被加热上升的那部分热水的位置。结果就是一个水的循环——物理的循环。火焰是输入这个系统的能量，而位于上部的热水散失掉的热量是这个系统输出的能量。

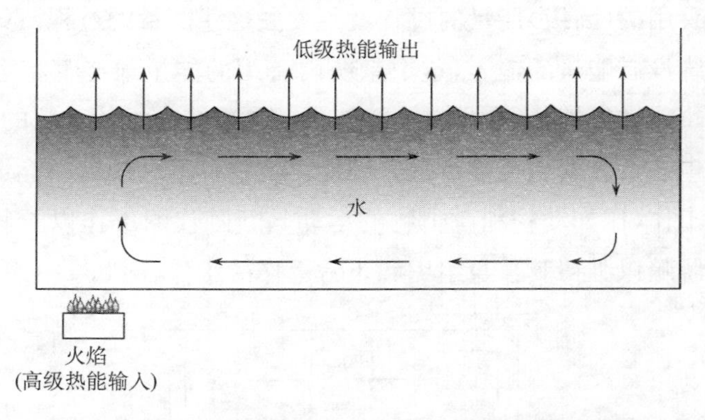


**图 8.5　用一壶水来比喻生态系统中的物质循环和能量流动**

由于能量的输入（火焰），水壶里的水进行了自组织。水形成了自己的结构（不同温度的水位于壶的不同位置）。水壶中的水形成了一个物质循环，但是能量并没有循环。能量通过火焰加热的形式进入壶中，随着被加热的水从壶底向壶顶运动，最后以低级热能的形式离开水壶。这一过程就是我们所知的能量流动。如果用于加热的火（能量输入）被灭掉，水壶里的水将停止循环，能量将停止流动，而这些水也将失去其自组织的结构。

## 生态系统中的能量流动

与水壶里的水一样，生态系统中的物质运动也是循环的，而能量流动则是非循环的。能量通过阳光进入生态系统（像壶底的火焰）。这些能量通过光合作用转入碳链之中，绿色植物利用这些碳链来维持身体的生长。碳链就像水壶里的水，含有高等级的能量。植物拆解身体中的部分碳链（呼吸作用）来获取自身新陈代谢所需的能量，而其中一部分能量以热量的形式散失到了周围的环境当 112 中。剩下的碳链（即光合作用减去呼吸作用）就是植物用以生长的部分。生态系统中所有植物的生长是这个系统的*净初级生产量*。初级生产量是生态系统生活资料和能量（以碳链的形式存在）的来源。

当消费者（动物和微生物）将它们食物中的碳链用作构成它们身体的材料时，它们拆解掉其中一部分碳链来满足其新陈代谢的能量需求。这就是呼吸作用。这些能量也将被用于运动——首先是生长所需的分子的移动和重组，以及生存所必需的基本新陈代谢；其次是整个身体的运动。在消费者进行呼吸作用之后，能量会以热量的形式散失到周围的环境中。当一个消费者吃掉另一个消费者的时候，食物网中的一条食物链上就发生了一次高等级的碳链形式的能量流动，同时，在能量被用于各个阶段的新陈代谢活动（呼吸作用）时，能量会以热能的形式散失掉一部分。能量在某一级*食物链*中可供下一级食物链消费的比例被称为*食物链效率*。它的计算方法是用食物中的能量减去呼吸作用消耗的能量。食物链效率通常在10％到50％之间。图8.6显示了能量从食物链的一级流向另一级的情况。

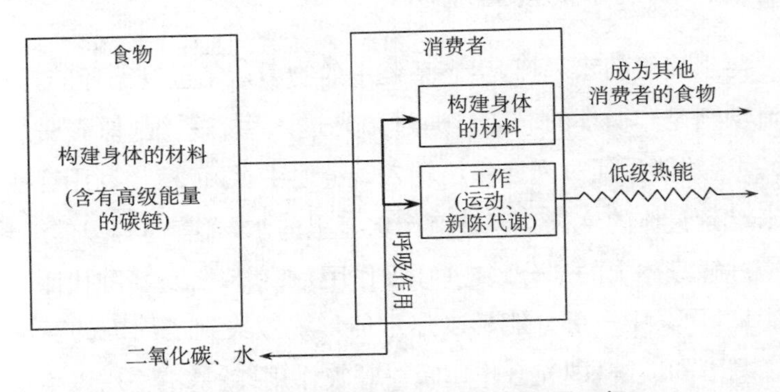


**图 8.6　能量从食物链的一级流向另一级**

当碳链通过食物网的时候，它们被一点一点地拆开以获取能量，一直拆到它们消失为止(图 8.7)。当消费者呼出二氧化碳和水，排泄出其他元素如氮、磷、钾、镁和钙，这些元素又成为了植物养料，它们的存在形式几乎与刚进入生态系统时完全一样。这些元素经过循环又回到了植物那里。消费者的垃圾是生产者的食物。能量没有循环回到植物中，因为在消费者那里它以低等级热能的形式散失掉了，这些热量不能为植物所利用。植物只能利用太阳能。在全球范围内，抵达地球的太阳能最终都转化为低等级的热能，以红外射线的形式离开了地球(图 8.8)。

113

在农业生态系统中，以人类为终点的食物链包含的层级数决定了这个系统的初级生产量为人类服务的效率有多高。食物链越长，意味着人类得到的食物越少。当人类以植物为食时，他们会从同样面积的土地中获得更多的食物。

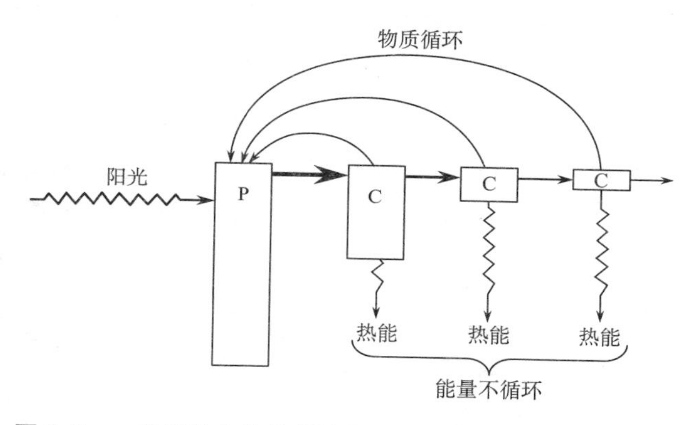


图 8.7 一条完整食物链的能量流动 P=生产者,C=消费者

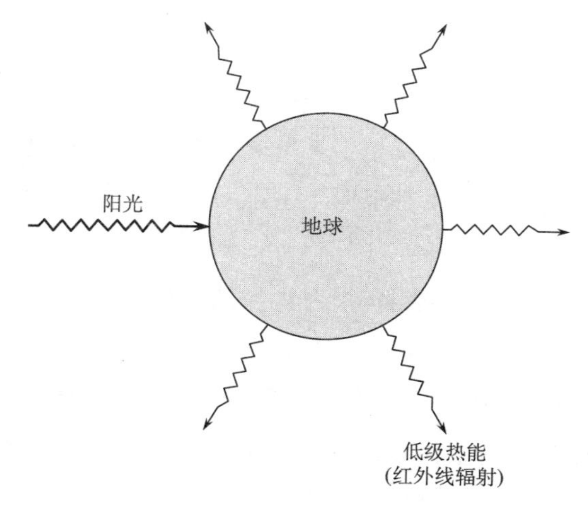


图 8.8 地球的能量输入—输出

太阳能是注入绝大多数自然系统的唯一主要能量来源，但是人工能量的输入对于农业和城市生态系统来说非常重要。人工能量输入包括人力、畜力以及机械能的输入，也包括人类带入生态系统中的物质。人工能量并不能像太阳能一样成为生物能量流动的一部分。人工能量输入一般通过改变生物群落和加入人造物质结构来组织生态系统。这也改变了生态系统中的初级生产量和食物网，从而影响了生物能量流动和物质循环。在现代农业中，人工输入的能量主要由石油提供。

## 生态系统服务

图 8.9 显示了人类对生态系统中其他部分运作的依赖程度。人类属于消费者——仅仅是生态系统中所有消费者中的一个。人类生存所需的一切几乎都来源于生态系统的物质循环和能量流动这两个主要的服务：

1. 可再生资源的提供（作为食物的动植物以及微生物、制作服装的动植物纤维、建设用的木材以及水）。

2. 污染和废弃物的吸收（细菌消耗和分解有机废物，水生植物除去水中的矿物质营养素，河流、海洋与大气稀释有毒物质）。

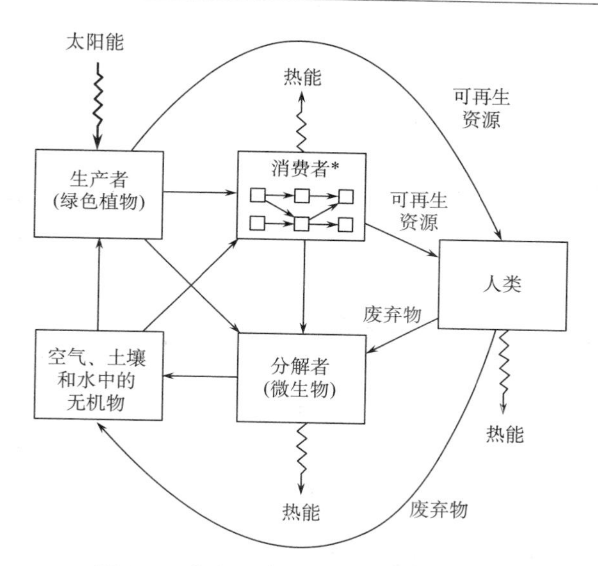


**图 8.9　生态系统服务的物质循环功能**

注：在食物网中，消费者指动物（食草动物、食肉动物、寄生虫）和致病微生物（病菌）。

# 生态系统服务与使用强度的关系

生态系统值得注意的一个重要属性是：当高强度的使用导致其提供服务的能力遭到破坏时，生态系统的生态服务能力将衰退（图 8.10）。

以捕鱼为例，在特定的水生生态系统中，如果捕捞强度（水中渔网和鱼钩的数量）处在最低值，那么增大捕捞强度会获得更多的鱼。但是如果捕捞强度超过了最适宜的界限，则捕捞得越多，收获得越少。这是因为鱼类数量已经减少到一定程度，导致没有足够

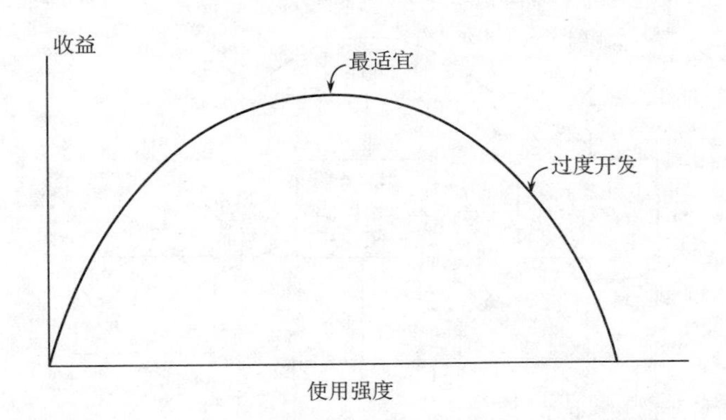


**图 8.10　生态系统服务与使用强度之间的关系**

多的成年鱼类能够繁衍出足以维系现有捕捞量的下一代。过度开发已经耗尽了生态系统的自然资本。

同样的事情也发生在森林、草原和农田之中。当采伐频率较低时，更多采伐意味着更多的木材；在草原上牧群较少的时候，更多的牲畜意味着可以出产更多的肉和奶；而当农业开垦强度不高时，提高开垦强度意味着获得更多的产量。但是，如果树木砍伐过度频繁，森林将无法成长，结果就是所获木材的数量也将难以保证。如果草原被过度放牧，牧草日渐稀疏，牲畜的食物供应相应减少，那么获得的产品收益（如牲畜的成长）也就随之减少。为了获得高产量而过量施用化肥和杀虫剂会污染土壤，也会降低产量；大剂量的化肥和杀虫剂对植物本身也是有毒的；杀虫剂还会杀死土壤中保持土壤肥沃的动物和微生物。对自然区域进行以休闲娱乐为目的的过度开发也会破坏那里的生态系统和优美景色。

116

## 生态系统的显性属性：使用强度过大会导致生态系统服务功能消失

当人类导致的自然演替使一个生态系统从一个稳定的"好的"状态改变成"不好的"状态时，通常会导致生态系统服务功能的消失（图 6.8）。

渔业演替就是一个例子：对于商业价值的追求致使渔民只关注特定种类的鱼，从而导致了这些鱼类的灭绝（图 6.7）。生态系统从提供有经济价值的鱼类转变成不提供这种鱼类。过度放牧导致的土壤沙漠化是另一个例子（图 6.6）。使用强度和收益之间的关系从图 8.10 变为图 8.11。

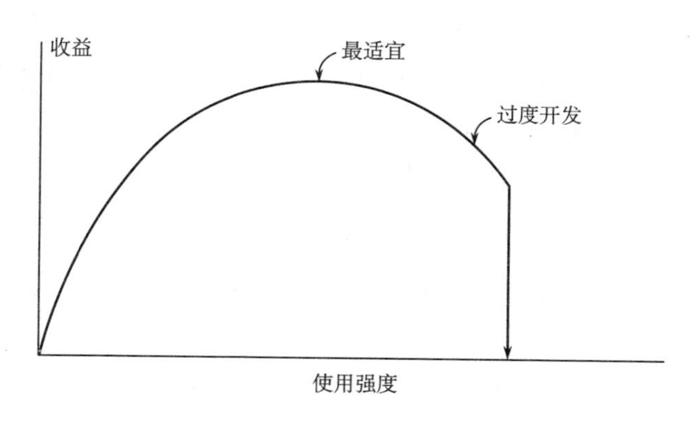


**图 8.11　生态系统服务由于过度开发而消失**

还有一个例子，为了提高粮食产量，在山坡地发展不符合地区特点的农业——这也是当今发展中国家常见的手段。经过年复一年的耕种，山坡表层的土壤将会被完全侵蚀掉，留下的土地将不再适用于未来的耕作。同样,过度提高作物产量而对土地进行灌溉也会使土地不再适合种植。对缺水的干旱地区进行灌溉会导致土壤盐碱化,这样的土壤对农作物是有毒的。当灌溉用水蒸发到空气中,水中的矿物质则留在土壤中,除非有其他水源能够冲刷这块地带走这些物质,否则它们将逐步累积集中直至浓度达到对农作物有毒的水平。如果没有其他水源,这些盐分将一直积累,直至农作物的产出降到比投入前还低的水平。亚洲南部的大部分土地几117 十年前被作为绿色革命的一部分投入农业生产,现在却由于盐碱化变成一片废土。

同样的事情也发生在河、湖、海洋以及其他水生生态系统对废弃物的吸收上。向水生生态系统排放过多的废弃物会降低其吸收废弃物的能力。生态系统能够吸收有机废物,比如细菌这类分解者会把废弃物作为食物。分解者利用水中的氧气进行呼吸作用,释放出部分断开的碳链作为呼吸作用的副产品。需要被吸收的废弃物数量越多,意味着呼吸作用和其副产品越多。如果排到水里的有机废弃物太多,分解者会用光水中的所有氧气,而排出的副产品将会达到有毒的浓度。水体的化学状况被极大地改变,以至于分解废弃物的分解者本身也无法存活。这些分解者被其他种类的细菌所取代,这些细菌不再具备净化水体的能力,水生生态系统因而失去了吸收有机废弃物的天然能力。

工业革命前,人口总量相对较少,相应地对生态系统服务的需求也低,对生态系统服务的使用还处在图 8.11 所示曲线的“上升”阶段。而现在,人口过剩和世界范围内对工业机器的大规模使用,消耗了大量的自然资源,人类对生态系统服务的使用已经增长到了曲线中下降的部分。

我们如何得知最佳的使用强度呢？我们如何知道我们是否 118
在过度开发生态系统服务功能呢？我们的社会系统对于这个问题还没能给出一个有效的回答。因为在过去，当人口规模很小、人类对生态系统的需求较低时，过度开发并不是一个主要的问题。避免过度开发的一个可操作途径是以相对较小的规模提升对生态系统的开发强度，仔细观察使用强度增加后的收益变化。同时也要对社会系统和生态系统中其他相关的部分进行监管，以监测某些意外结果带来的信号。如果收益随使用强度的增加而增加，那么说明这个强度是合理的（图 8.10）；如果收益减少，那就意味着过度开发。

这个原理可能很简单，但实施起来却非常困难。生态系统评估的操作过程有时复杂而模糊。数据的收集和整理十分昂贵，而最终的结论却有可能很不确定。人类活动对生态系统产生影响的行为难以计数，而生态系统反馈的服务也千差万别，所以事实上是不可能明确区分出原因和结果的。但是，生态系统服务受人类影响而产生变化要经过数年到数十年的时间才能显现出来，这种时间跨度是无论如何适应不了人类活动节奏的变迁的。如果对过度开发存有疑虑，那么最好遵循第 10 章描述的预防原则。

# 关于供需关系可以保护自然资源不被过度开发的谬误

有些人假设，供需关系这只无形的手能够保护可再生资源不被过度开发(图 8.12)。这种想法基于这样一个前提：当资源变得稀缺时，使用资源的成本将会升高从而阻止对资源的过度使用。这种保护源于一个消极的反馈链。比如说，由于过度捕捞，鱼的数量变少，鱼的价格上涨，对鱼的需求也就减少了；于是捕鱼的数量也就少了，这样鱼类的数量也就恢复了。

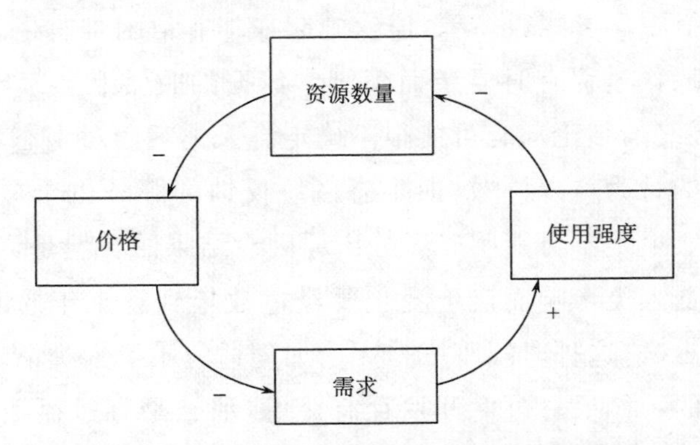


注：负号箭头代表了消极影响：如果资源数量增加，则资源价格会下跌；如果资源数量减少，则价格会上涨。正号箭头代表了积极影响：如果需求增加，使用强度会提高；如果需求减少，那么使用强度也会降低。

**图 8.12　供需关系对资源利用的控制**

供需关系的消极反馈链是确实存在的，但是认为依靠市场的力量就可以保护可再生资源不被过度开发，这种想法把生态系统想得过于简单，忽略了不可逆转的人类活动因素。生态系统的稳定状态是可以转变的(图 6.6)。当过度捕捞导致有商业价值的鱼类被“杂鱼”取代时，就算捕捞完全停止，那些有价值的鱼可能再也不会出现了。 119

森林是另外一个例子。如果树木砍伐过于频繁，森林生物群落可能会变为由草或者灌木主导的生态系统。如果森林在很大的范围内被砍伐殆尽，那么它们很可能根本不会再繁衍下一代，因为没有成年树木提供种子来长成新树。另外，如果没有树木提供落叶作为保护层，土壤将会被侵蚀，造成土壤养分流失，从而无法维持树木的生存。对于森林被过度砍伐后造成的不可逆转的损失，既有社会因素也有生态系统因素。伐木公司将树木从发展中世界掠走的同时，也为急需土地的人们提供了一条出路，使他们可以就近在被砍伐过的地区种上庄稼。如果人类继续将这些土地用于农业，那么森林将再也得不到恢复。

## 需要思考的问题

120

1. 列出一些你使用过的最重要的动植物和微生物产品。这些产品与图 8.9 所示的从生产者、消费者、分解者到人类的流程相一致。不同的产品分别来自于哪些类型的生态系统？这些生态系统分别在什么地方？在食物链中要经过多少步才能生成动物和微生物产品？作为一个整体来说，一个生态系统出产的最重要的产品或其他生态服务是什么？

2. 思考你直接或间接消费的一些重要的可再生资源。从图 8.10 的意义上说，你认为这些资源的使用强度是最佳的吗？是低于最佳状态还是高于最佳状态(即过度开发)？对于那些已经过度开发的资源，怎样减少对它们的使用？过度开发是否已经对某些资源造成不可逆转的改变？
3. 思考一些不可再生的资源。人类对这些资源的利用形式是否能满足人类长远发展的需要？对于那些正在被迅速耗尽的资源，怎样做才能减少对它们的消耗？减少消耗的最大阻碍是什么？
4. 人类需要生态系统提供的服务来提高生活质量。由于生态系统满足人类需求的能力受到了限制，我们要明确我们的生活究竟需要什么，我们到底要从生态系统中得到什么。列出对于你的生活质量来说最重要的事。你的清单上有多少是关于物质消费的？你的清单里蕴涵了哪些对生态系统的需求？

（刘海静译　张晓明校）

# 9 理解自然



人类头脑中保存着成百上千的图像和“故事”，他们通过这些来理解周围纷繁芜杂的环境。这些图像和传说关乎人类自身、社会，以及生物物理环境——它们是如何建立的，它们的功能和相互之间的关系又是怎样的？每一幅图像、每一个故事都是对现实世界某一部分的简单概括。总体来说，这些图像和故事构成了一个人的世界观，即他对自身和周围世界的理解。人们共享的图像和故事构成了一个社会的世界观。人类和社会用他们的世界观来解释信息、采取行动。

一个社会关于生态系统的图像和故事是他们理解自然的基础，也在建立社会系统和生态系统的相互作用中扮演着核心的角色（本章中“自然”指整个生物物理环境，包括农业生态系统、城市生态系统以及自然生态系统）。对世界的理解指引了信息从生态系统进入社会系统的转译过程，也引导了那些会对生态系统产生影响的行为的决策过程（图 9.1）。不同的文化背景以及相同文化背景中不同的人，都对生态系统本身的功能机制和它们对人类活动的反馈机制有着不同的理解。尽管每一种理解都能在现实中找到基础，但其中的一些理解更加有用，因为它们对现实的概括更加全面，或者更加准确。了解这些不同想法的存在有助于我们理解为什么不同的个体和社会与环境交流的方式有着天壤之别。

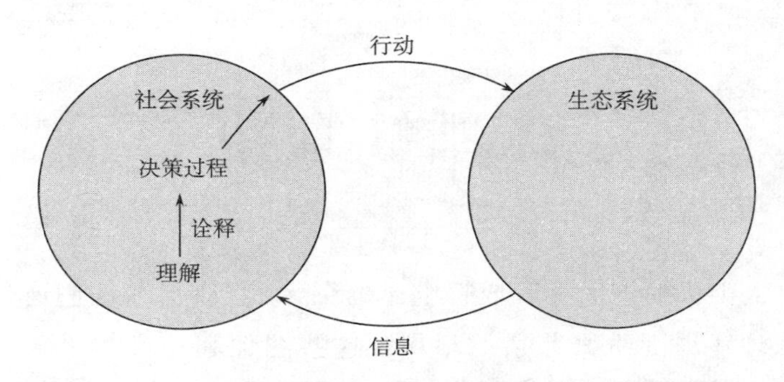


**图 9.1 对自然的理解在影响生态系统的决策中扮演的角色**

本章描述了五种常见的自然观。前两种——“事物是普遍联系的”和“利害原则”——是人类生态学中的主要概念,但是其影响却限于科学家。后三种将自然理解为“脆弱的”、“永恒的”和“反复无常的”,则属于利害关系角度的特殊例子。这三种理解的每一种都反映了一部分正确的现实,但相比利害原则又都不够完整,因为它使得人类在没有充分考虑生态系统的反应的情况下与生态系统发生相互作用。

在每一个社会中,宗教信仰都是建立世界观和规范人们行为的有力工具。原始社会对自然的理解带着敬畏和崇拜,他们的信仰认为人类是自然不可分割的一部分,这与其他动物基本没有区别。伴随着农业革命和工业革命的到来,宗教信仰也发生了改变。西方宗教认为人类是独一无二的角色,人类被赋予了主宰自然的权利,同样也被赋予了保护自然的完整性的责任。随着西方社会对自然支配能力的增长,对自然的敬畏之情也逐渐减少,保护自然的责任则让路于对自然的开发使用。直到最近,环境问题的出现才使人类对自然的敬畏有所恢复。

## 对自然的普遍理解

### 自然界中的事物是普遍联系的

在传统社会中,人们一般会强调事物普遍联系的事实。人们相信很多事件都是人类行为直接或间接导致的,这一过程超出了人类的理解范围。小心翼翼地敬拜自然以避免不利的结果是文化的一部分。这种理解自然的方式类似于人类生态学中的概念:人类活动会在生态系统和社会系统中产生因果链式的反应。人类生态学与传统观念对于事物普遍联系观点的主要区别在于,传统社会并不关注联系的细节。人类生态学家则尽可能准确地描述这些细节,这样人们就可以更好地理解和预测自身行为产生的后果。 123

### 自然是利害并存的("好/不好"原则)

"有利"意味着"友好"或者"有益于","不利"则正相反。这种自然观认为只要人类不对生态系统的自然状态作极端的改变(图 9.2),自然对人类就是有利的(比如提供我们所需的服务)。换言之,生态系统是"好的"。但是如果人类将生态系统破坏到不能正常运行的程度,生态系统就会变得对人类有害(比如不提供所有人类需要的服务)。生态系统的状态就会发生转变,不再像以前那样服务于人类了。换言之,此时的生态系统是"不好"的。这种对自然的理解等同于认为自然是由于人类影响的演替而在“好”的状态和“不好”的状态之间转换（第 6 章）。利害原则由于涉及面广，又被科学观察所证实，因而与人类生态学有着紧密的联系。

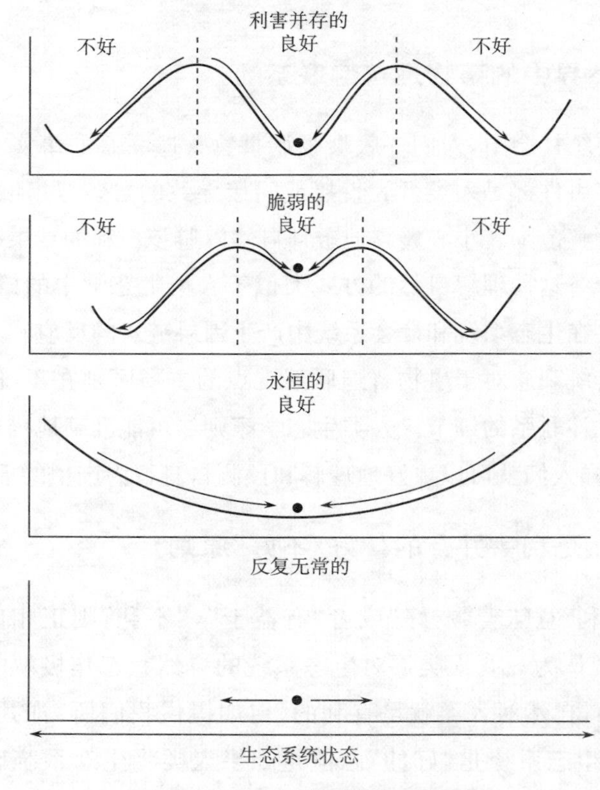


**图 9.2 不同自然观的稳定域图解**

## 自然是脆弱的

这种观点认为人类对生态系统自然状态的改变会打破自然界

脆弱的平衡。它强调的是利害原则中生态系统对人类行为的消极 124 反馈。这种观点坚持认为，哪怕是对自然状态作细微的改变，也会给生态系统带来灾难，造成不可逆转的后果。对生态系统状态所作的微小变化都会将生态系统移至另一种稳定域(图 9.2)。当然，“脆弱”并不意味着生态系统会消失——每一个地方都会一直存在着一个生态系统，脆弱的意思是生态系统会轻易地从一种生物群落类型转变成另外一种。

## 自然是永恒的

这种对自然界的理解与“自然是脆弱的”理解恰好相反。工业革命后，自然是永恒的观点成为西方社会世界观的常识。这种理解的关注点在于生态系统对人类活动作出的积极反应(参见图 9.2)。这种观点认为，人类可以按照自己的想法对自然进行任意的塑造和利用。只要人们利用合理的科学和技术手段，就可以从自然中获取足够的利益来满足人类的任何需求。如果人类活动破坏了生态系统，科学、技术或人类对自然的其他输入可以修复这种破坏，或为自然生态系统提供一种可再生的选择。无论人类对生态系统做了什么，总会有自然和社会力量保护生态系统，从而避免 125 其受到严重的破坏，防止其崩溃。对自然持有这种观点的人相信，经济上的供需关系可以保护生态系统免遭过度开采。

## 自然是无常的

“反复无常”意味着不可预测，这个观点强调生态系统中的随机要素。许多直接依靠大自然谋生的人如农民和渔夫，亲身经历着大自然的高度多变性和不可预测性。有些年份气候适合庄稼生长，而另外一些年份气候则严重地破坏农作物的生长；虫灾在有些年份非常严重，在另外一些年份则没有；有些年份有足够的鱼群可以捕捞，另外一些年份则很匮乏。持这种观点的人们无法理解为何自然"时而有害，时而有利"。因为人类活动的影响可以通过漫长的、不可预测的反应链作用于生态系统，人们仅能从他们的所作所为与必然结果中看到少许的关联。这种对自然的理解基于这样一个假设：不存在某种强大的自然力维持生态系统的特殊形态，生态系统的状态（图 9.2 中的小球）仅仅简单地由"命运"左右，表现出随机性。

## 宗教对自然的态度

宗教是社会利用世代积累的智慧形成的一种价值观、感知和行为方式的概括。它在社会感知、人际关系和人与自然关系方面扮演了重要角色。宗教传达了人类对大于自身的事物的敬畏和崇拜。宗教信仰是一种价值的来源，它告知我们什么是生命中重要的部分。同时，宗教提供了一种道德符号——正确和错误的区分准则与行为准则，它们通过情感上令人信服的信条、标志和仪式进行不断强化从而使其非常有效。这种道德符号对人类与自然相互作用的重要性体现在一种平衡上，不仅促进个人需求和他人需求之间的平衡，也促进短期需求和长远考虑之间的平衡，比如对子孙后代的关注。

126

不同的宗教对于人与自然之间的关系有着截然不同的观点，也用不同的道德符号指引着人与环境之间的相互作用。接下来的章节将在不提供宗教本身细节描述的情况下，探索主流宗教对于自然的态度。当然，由于宗教的复杂、多样和与时俱进，一般化地描述宗教是非常困难的，因此我们将通过对比来说明不同的人群和文化对于环境的不同理解。

## 神灵宗教(万物有灵论)

在现代科技发展以前，人们利用神灵的存在解释自然。神灵这种不可见的存在，通过控制天气、疾病和其他重要的自然现象来影响人类。所谓神灵与现代科学有着巨大的差别，是因为神灵有着人性，而科学却是客观地、技术地解释自然现象。虽然如此，科学的解释仍然在某些方面与神灵有着惊人的相似。虽然科学让自然的许多功能变得“可见”(比如病毒和细菌可以导致疾病，DNA在基因和蛋白质构造中的作用)，现代科学的许多概念仍然像神灵一般不可见。不可见的理论构造，如重力领域、电磁学领域和亚原子粒子领域，在预测方面有着惊人的能力，然而科学家却并不知道上述领域究竟是什么样的或者它们为何如此运作。

最初，神灵是所有宗教的主要部分，对于神灵的信仰在所有社会中普遍存在，无关信仰本身；直到神灵被现代科学取代。许多部族社会的宗教依然基于神灵(例如日本的神道教)，并在现代社会中仍然占有重要的地位。

一些神灵是与其后裔依然在一起的已故先贤的灵魂，另一些神灵则是负责自然界各种元素的掌管者。神灵通常居住在植物或者动物体内，又或者定居于一些显著的地理结构，如大型的岩石、山脉或者湖泊当中。在许多神灵宗教中有两个神灵格外强大：其一是宇宙的创造者（也被称为大神或者生命赋予者）；另一个是掌控土地的神灵（也被称为大地之母）。神灵附身的任何植物、动物或者其他地方都是神圣的，值得极其敬畏和尊崇的；尤其一些具有神话历史的地方更是格外如此。对于相信神灵的人来说，常常会有一片神圣的树林，而这个自然的森林生态系统不允许任何人打扰。神圣的树林在人类进行农业开垦和城市化的过程中，在保持自然生态系统和生物多样性上发挥着特殊的作用。

127

神灵超越了对自然过程的原始解释，作为人与自然和谐关系的保障而存在。他们就像看不见的“主人”，拥有帮助人们的力量；反之，他们也可以伤害人类。对于相信神灵的人们来说，敬畏神并保证他们愉悦是非常重要的。信仰神灵的人努力经营日常生活——他们猎取或收集食物、在农田上耕种、供养家庭——以使神灵们愉悦。信仰者经常举行祭典以使众神愉悦（通常是在精心准备的仪式上准备少量的食物）。许多信仰者认为这种方式并非宗教，而仅仅是他们的生活方式而已。

不同文化背景下的神灵宗教在细节上有很多不同。比如，澳大利亚的原住民是一群聚居在明确划分的领土上的游牧民族，这些人对他们生活的土地有着深厚的情感和精神依托。他们的土地有着这样的传说：在很久以前的“梦想时代”，他们的祖先塑造了这块土地的形状，并赋予了包括人类在内的生灵以生命。人类与其他生命有着深刻的血缘关系，因为人类与植物、动物的生命都来自于相同的祖先。原住民直到如今依然相信这个传说，并坚信每个人都是这个传说的一部分。祖先们依然如神灵般存在于山脉、岩石、植物、动物和人类当中，神灵赋予这片土地的力量和创造力保证了土地的肥沃。对于原住民来说，学习这个传说是非常重要的，因为他们是传说中的一部分，并依据这个传说继续着自己的生活。原住民相信他们有责任维护这个具有创造性的过程，他们举行祭典，并为这片土地上的祖先们的神灵提供帮助和支持。他们将自己视为这片土地不可或缺的组成部分，并不断地在日常生活中再次创造着这片土地的传说。

美国土著住民的传统信仰认为土地、动植物都存在灵魂。所有生命都是地球上平等的居民。整个世界和世界上万事万物都是神圣的，是值得深刻的敬畏和崇拜的。动物拥有与人一样的知觉、感情甚至个性。尊重传统的美国土著住民在成年时将会选择某种 128 特殊的动物作为守护灵，这个守护灵将成为他毕生的向导。对于一个美国土著住民来说，最重要的事就是保持与自然的和谐平衡关系。动物只有在人们对其显示出足够的尊重时才会“奉献自己”。当人们从自然中有所得的时候，必然要有所反馈。只有人们通过恰当的仪式感谢植物或者动物灵魂，植物和动物才能持续地为人类提供食物、衣服和住所。对神灵的祈祷和贡品是日常生活的一部分。他们认为通过不浪费(食物等)的方式尊重自然是非常重要的。他们仅仅捕杀或者收割他们需要的，并尽可能利用植物和动物的每一个部分，依据仪式上的礼仪处理不需要的部分。缺乏应有的尊敬将会带来灾祸，不仅仅动植物将会收回给人类带来的利益，那些没有被尊重的动物神灵们也将引发人类的疾病和事故。

虾夷人是日本北部的狩猎民族。尽管虾夷人认为人与神之间在很多方面不同，他们依然意识到人与神在力量和能力上的相似性。神可以为人类提供所需，同样人类也可以为神提供神所需要的。神居住在他们的世界，但是也经常以某种动物的形式降临人间。当一个猎人杀死了某个动物，动物的体内就居住着一个神灵。神为猎人提供了动物的身体，而神也返回自己的世界。为了交换动物的身体，虾夷人向神敬献美酒和有精致雕花的手杖，这个仪式将持续数天。

**东方宗教**

东方的主流宗教，如印度教、佛教、道教与神灵宗教是相似的，因为神灵是他们世界观的一部分。人类是自然的一部分，在神的眼里并没有特别的地位。然而，主流宗教与神灵宗教是不同的，原因在于主流宗教的神话和教义是以书面的形式保存下来的，而神灵宗教的传统则是通过口口相传将习俗和传说一代代地传承下来的。

129 印度教是印度以及巴厘岛一带的宗教。印度教名字的含义是“生命的永恒本质”，它与日常生活息息相关。对于印度教众来说，地球上的一切生命都是神圣的，都是他们的神灵毗湿奴的某种表现形式。宇宙是一个广大无边的有意识的人，宇宙的每个部分（土地、植物、动物、人类）都有意识，并且每个部分都是相连的。所有的生物都有与人类一样的灵魂。当人类死亡后，他们的灵魂将会投胎转世到植物、动物或者其他人身上。

印度教的道德准则“因果循环”或者说所谓因缘，是指人类所有作用于世上其他东西的思想、语言和行为将会反过来作用于人类本身。我们现在所经历的一切是过去的思想和行为造成的后果，而现在的思想和行为将会造成未来我们所经历的一切。人们从世上获得的利益是人们精神行为的结果。良好的精神行为无非是分享、并对赠予表示感激。印度教教徒每天敬献贡品（比如少量的食物）令地球（之母）满意并持续为人类提供所需。

自然在印度教神话中是非常重要的。许多故事是关于魔鬼（邪恶的神）破坏地球，因此毗湿奴以具有超级力量的动物的形式来到地球，并拯救地球。最受爱戴的印度教神灵克利须那神（另一种形式的毗湿奴）就居住在丛林中的牛群里，过着简单的生活。印度教教徒们认为丛林和树木是神圣的，因为他们在印度教的神话中为神提供了许多重要的东西（如住所、果实和安宁的冥想空间）。许多动物也被认为是神圣的，尤其是养育人类的母牛。

佛教源于2 500年前的印度教。佛教中许多人与自然联系的思想与印度教相似。人与自然是一体的，负面的思想将会引发负面的行为，同时产生负面的结果。尽管佛教认为佛无所不在，佛教中却不存在能让佛教徒祈求原谅、保护或者偏爱的无所不能的佛。人们必须从自身探求与外在世界保持和谐的方法。魔鬼并不是外在的敌人，而是我们自身的一部分。佛教的一个核心哲学思想是：痛苦的根源是人类的欲求不满。抑制欲望是快乐的关键所在。对自然资源的利用则仅限于满足人类对食物、衣着、住所和医疗等的基本需求。另一个佛教的主要思想是尊敬、同情和爱世上的所有生命。动物不应该被残杀，植物也仅仅在满足基本食物需求的时候才被收割。

130　对于中国的宗教来说，宇宙是和谐而完整的。宇宙并非是由某种超出宇宙本身的存在创造出来的，宇宙就像是一个巨大的生物。任何事物都包含着生命的能量，而任何事物都是在不断变化的。表现为相互对立的事物（如善与恶），正是这个多样且不断变化的宇宙中阴阳互补的体现。神灵在中国的宗教中非常重要。风水是中国南方的神灵宗教，为人们如何使用土地提供指导。破坏景致的行为被严格禁止，因为他们将冒犯“龙”或者其他强大的神灵。

道教和儒教是两种观点不同的中国思想。道教强调自然是超越理解的神秘存在。人们应尽可能少地改变自然，努力通过适应自然的节奏和流动获取能量，而非控制和主宰自然。而儒教强调社会关系：人类的需求发展和升华了共有的责任。对于儒教来说，人类是自然的孩子，正确对待自然的态度应该是孝顺的（尊敬长辈）。由于人与自然有着“长幼”的关系，因此人类有责任作为自然的管理者维护自然的和谐。中国的文化是2 500年来道教和儒教思想的融合。道教在中国历史的某些时期处于主导地位，而儒教在其他时间处于主导地位。

### 西方宗教

西方宗教起源于中东的犹太教。犹太教与其他宗教的主要差别在于犹太教仅仅拥有一个神。其他宗教往往有数个神：参与创造世界的神和维护世界各个部分功能的神。对于犹太教徒来说，他们仅仅拥有一个负责人类生存的神，他们与神之间有着紧密的历史关联。犹太教徒认为“神以自己的形象创造了人类”。因此犹太教徒认为他们与其他动物不同，并非是这个世界的一部分。神显然与人类在许多方面表现出不同，而人类由于具有思考能力，与神是相似的（超越其他动物）。犹太教相信神创造了一个神奇、有序、和谐的世界，却拒绝尊敬自然，因为犹太教将其他宗教中的尊重自然与多神信仰联系了起来。 131

尽管犹太教的神有着对地球的绝对统治，犹太教认为神并没有参与到这世界上日常生活的细节中来。取而代之的是，神选择人类作为他的代表显示神的智慧（比如自然法则）并利用和掌控地球来满足他们的需求。神奖励那些遵守他的要求而生活的人们，与此同时惩罚那些不遵守要求的人。尽管犹太教徒认为神创造的自然是神圣的，但是他们为神而管理地球的思想并不是要将万物完全保持自然状态。当犹太教崛起的时候，中东地区的农业革命主导了社会变革。在干旱贫瘠的环境中，灌溉并耕种首次引进的植物，如小麦、大麦、豌豆、橄榄，放养引进的动物如绵羊、山羊，成为了中东社会生存的核心策略。

基督教形成于犹太教，并继承了犹太教对待自然的态度：(1)人类是超越其他动物的存在；(2)由于神创造了自然，因此自然是神圣的；(3)人类作为地球的管理者有责任维持神的自然秩序。

早期的基督教也受到古希腊的影响，古希腊人认识到自然的美与和谐，认为自然在其自有法则、现实和生存力量下运作。古希腊人对自然的感知与基督教不同，他们认为自然是独立于神的存在。

基督教崇尚最少消耗的简单日常生活，直到如今，这种思想依然在如本笃会修士的传统修道士中持续着，他们通过参与一种共有的简单生活"接近地球"。基督教中最负盛名的圣人，阿西尼城的弗朗西斯信奉圣洁的自然，将神的所有创造——山川、河流、植物、动物甚至地球本身都看作是被神爱着，同时也是爱着神的。所有生物都是基督教徒精神上的兄弟，都值得基督教徒如爱他们的人类兄弟般去爱。然而，这种由圣人阿西尼城的弗朗西斯所阐释的人与自然深层次的关系并非基督教的主流部分。基督教通常会强调人与人、人与神之间的关系，而不是人或神与自然的关系。对于基督教徒来说，只有人类具有灵魂。

132　早期的基督教认为自然是神圣的，而这种信仰在大约 400 年前消失。随着现代科学为自然的种种现象提供了新的解释，西方社会开始将自然视作神创造的一部机器，除了神之外，人类也可以按照自己的需要掌控并利用自然。宗教改革进一步将对待自然的态度从早期的基督教中分离开来。其中，加尔文教派表现得很极端，这个教派在过去的 300 年间对北欧和美国文化产生巨大的影响，其所宣扬的信条包括：那些被神选中进入天堂获得救赎和永恒生命的人终究会获得物质上的奖励。财富被赋予了积极向上的精神价值，即便获得这一切需要破坏性地开发自然。那些殖民美国的欧洲殖民者以美国原住民无法"利用"土地获得财富满足神的旨意为理由，合理化地从美国原住民处获得土地，并开发土地以取得物质财富。

随着近年来环境危机的出现，许多基督教徒开始转向早期的基督教价值观，以此作为人与自然关系的指导。人们又一次地认为自然是神圣的，因为自然是神的创造，体现了地球上神的存在。现在许多基督教徒认识到人与其他生物在精神上的亲属关系。基督教协进会促进保存和恢复自然环境，提倡人类的责任不仅限于人本身，也要对动物同伴和整个神的创造负责。

伊斯兰教由先知穆罕默德于1 300年前创建，并受到犹太教和基督教的强烈影响。伊斯兰教相信仁慈并富于同情心的神创造了这个有秩序的宇宙。自然是神圣的，因为它是神的创造，神的意志体现在生活的每个细节里。如同犹太教一样，神授予人类使用其地球上所有创造物的特权，并赋予照顾它们的义务。《古兰经》中包含了神对人们如何行使权力和履行义务的细节指引，这些指引随后被伊斯兰教的法律加以详细的阐明，并希望每个穆斯林都能遵守。伊斯兰教的律法在人与自然关系上的核心思想是：人类（对自然）的利用不应多于他们的需求，而且不应浪费他们获取的东西；用于放牧牲畜或收集木材的土地应为整个大众共同所有，所有人应该分享灌溉水源；野生动物仅仅在作为食物需求或威胁到庄稼或牲畜的时候才能被杀死；当砍伐树木的时候，应该种植更多的树木作为替代。但是，与基督教相同的是，自然从不是伊斯兰教 133 的主要关注点，来世、人与神的关系远比物质世界和地球上人类的短暂生命重要得多。

## 当代对待自然的态度

在工业时代的今天，尽管许多人认为自己并未参与某个特定的宗教组织，而事实上，每一个人都有着如同宗教组织一般的处世方式和信仰，同时每个人都身处社会惯例之中，这更强化了这些信仰。自我实现、唯物主义，以及与资本主义、自由企业制度、经济增长和全球经济相关的世界观组成了我们世界观的主体部分。购物变成主要的仪式,高级牧师被经济学顾问、跨国公司管理人和娱乐节目主持人代替。在我们现代世界观中,这种发展已经对人类与生态系统的互动产生了长远的影响。对消费品和相应的生态系统服务的需求变成了为满足社会需要而进行的消费,它已经远远超越了保证舒适生活的基本需求。

另一方面,无论人们是否参与到宗教组织中,越来越多的人们独立地感受到与自然世界之间强烈的精神关联。一些人将他们的精力投入绿色政治行动中。一些西方人开始探索东方宗教、美国土著精神或者其他重视尊重自然的信仰。"新时代运动"也为那些寻求加强与自然之间精神联系的人们提供了出路。

## 对浪漫化自然和传统社会系统的警告

人类在生产资料方面完全依赖自然。因此(人们)有理由对自然是如何运作的保持敏感,并力求人类活动与自然保持和谐。因此我们有理由与自然合作,让自然为我们服务,而不是与自然斗争。然而,这并非表示自然界的每个部分对人类都是有益的。自然并非是为人类种族提供特权而设计的。人们常常修正生态系统的功能以期自然能够按照人类所需提供服务。

134

我们也应注意避免将传统理想化。由于传统社会系统与其生态系统共同进化了几个世纪,因此传统社会与自然的互动往往比现代社会与自然的互动更加持久,它们之间相互适应。现代社会能从传统智慧中获益,但是我们应当领悟的是传统社会真实的本质，而非我们主观臆想中的传统社会。并非所有的传统社会都与环境有着健康的关系，那些健康的关系也并非在过去一直存在。如果社会确实与自然环境有着健康的关系，其原因必然超越了如和谐自然般的浪漫主义概念。真正的原因在于环境为社会系统提供了支持——提供食物、住所等必要的物质资源和作为"美"的精神资源的风景和生物群落。

传统行为并非总是较好的。传统社会的社会体制和技术是由当时社会所处的环境状况决定的。它们可能适合当今的社会环境，也可能不适合。现代社会面临的挑战在于对生态系统的观察和互动不仅要服务于人类的需求，更要基于一种可持续的路径。在当今迅速变化的世界中，并没有一个实现可持续发展的简单方法。

## 需要思考的问题

1. 在阅读本章前，你对于自然的理解是怎样的？现在对于自然的理解又是怎样的？如果改变了，为什么？请记住，本文中的自然有着宽泛的定义。它是指整个生态系统，包括自然界、农业生态系统和城市生态系统。并且时刻记得你可以对自然有不止一种理解，它可以是二种或者三种不同观点的融合。
2. 环境问题是具有高度争议性的，不同的人具有完全不同的观点是很常见的。思考一些受到公众关注的问题，这些争议是从哪些不同的对自然的理解中衍生出来的？

135

3. 讲述一个关于你的民族与自然关系的“故事”。它可以是历史性的，解释了现代人类与自然关系是如何从过去进化过来的；也可以是另一种形式的故事，如传统的寓言。

4. 今天，你的社会的主要信仰系统是怎样的？它们可能包含了主流宗教，但是它们可能也包含了并非主流宗教中的信仰体系。具体阐述与下面问题相关的信仰：

- 我是谁？
- 我生命的意义是什么？
- 我与其他人和世界的关系是怎样的？
- 我尊重什么？什么是重要的？
- 什么是好的？什么是对的？
- 我应该做什么？我如何得知我应该做什么？
- 人类应该与自然保持何种关系？

在你的社会中，共享怎样的信仰？在你的社会中，不同的人是否具有本质上不同的信仰？你的信仰和社会上的主流信仰是否不同？思考你的社会中信仰的来源，人们怎样获得它们？谁是翻译和交流这些信仰的“牧师”？

（刘海静译　张晓明校）

# 10　不可持续的人类与生态系统的相互作用

136

无论是过去还是现在，人类与生态系统之间相互作用的经验都可以为我们规避错误提供前车之鉴。环境问题并不是一个全新的问题。尽管过去的多数社会都能跟环境和谐共处，但也经常会有一些特定的社会与环境之间的相互关系是不可持续的。综上所述，我们自然会问："人类为什么会在过去犯下那么多严重的错误，而且今天仍在重蹈覆辙？"

从原则上来说，只有当人类社会系统与生态系统相互适应时，它们之间的相互关系才是可持续的；反之，它们之间相互适应的程度越低，二者关系的可持续性就越差。社会系统或者生态系统的突然变化都会破坏这种相互适应，从而引发效应链，降低生态系统提供关键服务的能力。本章重点论证当人们移民到新地区，与完全不同的生态系统——没有任何相处经验的生态系统——相处时，相互适应是如何丧失的。本章也将描述在社会系统突发变化之后（如新技术革命的发生），社会系统与生态系统的相互适应是如何退化的。

本章会继续研究引发现代社会体系和生态系统之间不可持续性相互关系的强大社会力量。今天，不可持续的人类与生态系统相互关系的基本来源是伴随着经济扩张的人口膨胀，这种膨胀对生态系统产生了过量的需求。本章将会描述现代经济制度是如何诱发个人用不可持续的方式使用生态系统资源的。我们也会阐述城市化的作用，当城市人口开始远离他们的环境支撑系统时，就会破坏社会系统—生态系统的相互作用。过去那些文明的兴衰史为当今全球范围内正在经历的城市化和经济发展提供了指引。本章将揭示对生态资源的过度商业化开发会导致关于资源使用强度的一厢情愿的想法，即生态系统是可持续的。在目前我们无法预知生态系统可以支撑多少资源损耗的情况下，预防原则不失为确保资源可持续利用的一个权宜之计。

137

## 人类迁移

人类和生态系统之间不可持续性的相互关系通常跟人类的迁移有关。当人们搬到一个有着不同生态系统的新地区时，通常缺乏对新生态系统的认识，缺乏实现可持续地相互作用的合适的社会制度和技术。13 000 年前从亚洲移民到南美洲的第一批居民就出现了上述问题。这批人刚到达南美洲时，那里有大量的哺乳动物种群，类似于今天东非著名的动物群落。大量哺乳动物在人类到达后的几个世纪内突然消失了，原因可能是过度捕猎。我们无法确定南美洲原住民是否应该对此负责，但的确有这种可能性。欧洲和澳洲的很多大型动物种群也都在第一批移民到达这些大陆后很快消失了。

在随后的几个世纪里，美国原住民的社会系统与他们当地的生态系统实现了共同进化，直至社会系统和生态系统基本能够相互适应。由于不同部落的文化和它们与环境之间相互作用的细节是多样的，研究人类与生态系统持续共生的社会制度成为美国本土文化的一部分。部落领地对于明确共有资源的所有权非常重要，美国原住民基于可持续发展确定所需要捕猎的鹿和其他动物的数量。

相互适应并不代表着美国原住民能够使环境保持完全自然的状态。事实上，他们用很多方式改变了他们的生态系统。在早期的生态演替阶段，他们利用火来开垦小块土地，比如将北美某些曾经是顶级森林的地域变成草地。不同阶段生态演替的多样混合产生了拼接式的景观环境，它比单一生态系统更加有利于狩猎，并能够获取更多的生态系统"服务"。 138

北美洲的大平原拥有深厚富饶的表层土，以及能够为大量野牛牧群提供食物的多年生的高而浓密的牧草。这些多年生的草本植物由当地物种混合而成，也是一种适应大平原多风天气的自然混养模式。由于它们是多年生的，这些牧草能够在全年的时间里覆盖土壤，保护土壤免受风的侵蚀(图 10.1)。美国原住民利用当地野牛作为主要资源，适应了大平原的生态系统(图 10.2A)。由于他们的宗教强调对自然的尊重，因此野生动物只有在被用作食物或者满足其他基础需求时，才可以被猎杀。他们把野牛身体的每一部分都利用起来，分别作为食物、衣服和建造房子的材料。

大概 300 年前欧洲人入侵北美洲时，他们用一种不可持续的方式来开采北美洲的资源，因为他们没有与北美生态系统可持续发展所需要的价值观、知识、技术或其他社会组织。他们以为这块

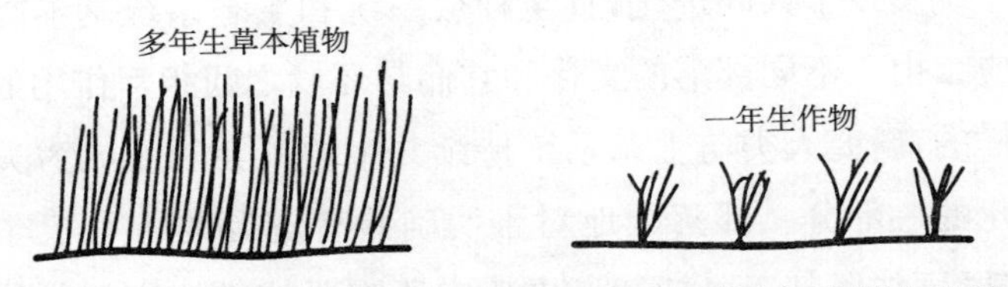


**图 10.1 大平原自然生态系统(多年生草本植物)与欧洲人种植的一年生作物的比较**

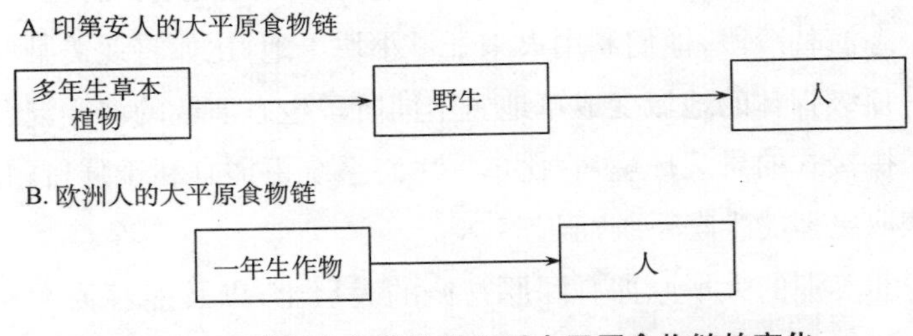


**图 10.2 欧洲人入侵北美之后大平原食物链的变化**

大陆上的巨大资源是取之不尽的,认为对自然生态系统进行欧洲式的农业化和城市化是一个无与伦比的进步。他们认为美国原住民的社会系统是人类社会发展的一个最初阶段,并不适合现代社会的发展。很多欧洲人认为美国原住民是一个低级的种族,终将会灭亡。

当欧洲移民到达大平原时,野牛在他们眼中被视为金钱的来源。专业狩猎者猎杀了数以百万的野牛,并把牛皮卖给了国际化的皮革市场。仅仅 20 年内,野牛的数量从 6 000 万头降到寥寥无几。由于主要的食物来源——野牛——的急剧减少,土地也被大批的欧洲人占领并耕作，居住在平原上的美国原住民已经到了饥 139 饿和绝望的边缘。他们发起战争予以反击，却输掉了战争和土地，后来这些原住民们逐渐减少，成为边缘化的一族。

在大平原上，取代了美国原住民的欧洲农夫们种植了小麦、玉米以及其他一年生的单一栽培的作物（图 10.2B）。这些作物相对于草和野牛来说，提供了一个更短的食物链，因此农民们与美国原住民相比，获得的大平原生物生产量的比重更高。然而，与大平原的自然植被不同，这些作物并不能很好地保护土壤免于风的侵蚀。一年生作物指的是每年种植一代的粮食作物。它们不像多年生草本植物那样能够完全覆盖土壤，而且由于一年生作物只是在一年的部分时间里长在土地上，土壤在一年中的其他时间并不能被很好地保护（图 10.1）。这种类型的农耕在欧洲条件下可以进行得很好，因为在那里风蚀并不是一个严重的问题，但是在大平原特定的天气条件下它就不能保护好土壤。结果自从 120 年前欧洲人开始在大平原上耕作以来，当地大部分表层土壤都被风蚀带走了。土壤已经丧失了其本身的自然肥沃度，目前只能通过投入更多的化肥来获得更高的粮食产量。大平原故事的最后结局来自一小部分科学家，他们开发了新的农业生态系统，通过将粮食作物和本地多年生草本植物混养来产生足够的谷物并投入商业化运作。模仿大平原本身自然生态系统的新型农业生态系统由于能够更好地覆盖土壤，可以达到减少侵蚀的效果。

移民对于世界来说一直都很重要，因为数以百万计的饥饿人口会从人口过密地区迁移到人口稀少地区。政府通常会鼓励移民，但从生态角度来看，当大量人口迁入人口稀少地区时，这一鼓励政策是不明智的，因为当地环境的人口承载能力并不能轻易地 140 被现代技术所改变。通常过度移民会破坏环境并且降低人口承载能力，不仅因为巨大的人口数量迫使他们过度开采当地资源，也因为他们的文化传统并没有给他们提供与新环境可持续相互作用所需要的世界观、价值观、知识、技术以及社会组织。

近年来，数以百万的城市人口从过密的亚洲平原低地移民到人口稀少的山地国家，例如越南和菲律宾。过去这些山地国家的人口相对稀少，因为山区的人口承载能力比那些有着深厚肥沃土壤的河谷和沿海平原低一些。几个世纪以来，山区人民一直在不损害环境的前提下在陡峭的山区里耕作，因为他们的农业方式与山区的生态系统是互相适应的。处于低地的人们搬到山地后，通常会使用原来的农耕方法，这在山区并不是可持续发展的方式，因为它并不能保护陡峭的山坡不被侵蚀。

同样的事情也发生在移民到热带雨林的人们身上。数以百万的巴西人移民到了亚马逊河，数以百万的印度尼西亚人从人口拥挤的爪哇岛移民到了印度尼西亚以外的岛屿，那些地方的茂密森林已经在世界最贫瘠的土地上存活了成千上万年。热带雨林生态系统通过复杂的适应机制阻止了森林系统稀有的营养矿物质的流失，从而维持了那里土壤的肥沃度。直到近年来都只有一小部分人住在热带雨林里，他们的生存方式并没有干涉生态系统的可持续性，比如狩猎、采集和刀耕火种式的农业。

今天很多人砍伐热带雨林并用农田来代替森林生态系统，但是对于热带雨林缺乏营养的土壤来说这种方式是不可持续的。他们的农业生态系统缺少能使热带雨林生态系统和该地区的传统农业保持土壤肥沃的复杂的作用机制。这些不适宜的农业体系在短短几年之内就丧失了产出能力。然后土地就被用来放牧,生产用于出口到工业国家的牛肉(与汉堡业相关)。这里或许最终会变得寸草不生;或者由于连续放牧导致当地的草不再适合牲畜食用,土地不得不被废弃。这是一个由于土壤被严重破坏而导致的“热带沙漠”,也许直到很多年以后这里才能够再次变回热带雨林或是为人类所用。热带雨林的移民们因此将搬迁到新地区,继续伐光树木以耕作尚未丧失肥沃度的土地。最终,移民们会砍掉所有的森林,但他们仍旧没有一个合适的地方来居住。 141

人类移民的故事告诉我们,人类社会与生态系统之间的相互关系是怎样随着时光的推移而改变的。移民们给他们的新环境带去了并不适合他们的社会系统,但是一段时间后他们会重新认识环境并据此来调整他们的社会系统。移民们不可持续性的活动所产生的问题将会越来越普遍,因为越来越多的发达国家人口将会从人口拥挤的地区转移到人口相对稀少并且不适合人口增长的地区。这个例子告诉我们的最重要的经验是:人类能够学习并适应环境。可持续发展的国家和国际性政策需要帮助移民向世代居住在当地的居民学习经验,只有这样移民才可以尽快适应新环境,尽量减少对环境造成的危害。

## 新　技　术

人们通常会在使用一项新技术时对环境产生过度损害。他们不知道新技术将会对环境产生怎样的后果，而且他们的社会系统中没有以可持续的方式利用技术的制度。例如，传统狩猎社会使用的一些类似矛、弓箭、有毒的箭筒等武器，并没有足够强的杀伤力威胁到食物来源的数量。对于猎手来说，无论怎样捕杀动物都是很安全的。然而，当一项新技术出现时，同样的资源却会受到过度开发，比如枪的出现使得猎手们能够捕杀尽可能多的动物。猎手的自然知识可能很广博，但是他们的文化中并没有与时俱进地加入自然保护的意识，因为在过去这是没有必要的。全球的渔民目前都在使用单股尼龙线网，相对于传统渔网更有效率，因为鱼在水中是看不到这种网的。这种结果导致过度捕鱼以及世界各地鱼类数量的下降。

市场变化会打乱自然资源的可持续性，因为新的市场机制会142鼓励人们使用一些过去很少有机会使用的技术。例如，近年来发展中国家城市的快速增长为一些欧洲作物例如卷心菜创造了广阔的市场，刺激了这些作物在山区的大规模商业化种植，而过去这些地方并没种植过这些作物。热带地区的山坡很容易被侵蚀。如果没有植物覆盖保护土壤不受降雨侵蚀，每年的降雨会从每公顷土地上带走成吨的土壤。传统的山区农业系统在几个世纪以来一直是可持续的状态，因为它们利用了覆盖土壤的作物来保护它们免于侵蚀。大多数欧洲作物来自完全不同的地形和气候条件下发展起来的欧洲农业系统，因此并不能很好地保护土壤。欧洲作物在其起源的地方是可持续的，但在热带山区是不可持续的，因为这些作物会让表层土壤大量流失，最终导致农业无法进行。

## 自由市场经济下的流动资本

经济常规经常鼓励人们用不可持续的方式使用可再生资源。要可持续地利用森林，通常的方法是每年砍伐一小部分树木。如果砍伐树木太多，树木数量将会锐减并最终导致森林的消失。在可持续利用的条件下，一个森林每年可被砍伐的树木比例取决于树木的增长率。如果树木增长得快，每年的可砍伐比例也会增加。温带森林的普遍增长率是每年5%，一年内森林中木材的数量以5%的速度增长。要在一个可持续的基础上利用森林，每年砍伐的木材数量应控制在5%之内。

假设你拥有10公顷的森林。你有两个选择：你可以每年以5%的比例来砍伐树木以获得一个可持续的收入；或者你可以尽快地砍伐树木，卖掉木材然后把钱投资到其他行业上。如果你把钱投资在其他行业上，投资的回报将会是每年10%。然而，如果你把所有的树木都砍光了，至少40年之内你都没有可以继续提供木料的树木。哪一种方法可以让你在长期内获得最大收益？

- 用可持续的方式来经营森林。 143
- 把树木砍光然后把来自木料的钱投资于别的行业。

第二种选择提供了最长期的收益。这个例子说明了利益动机与自然资源的可持续使用之间存在基本冲突。我们的现代经济系统对于可再生自然资源的使用方法有着强烈的影响，因为这些资本是“流动的”。资本可以流动是因为钱可以很容易地从一个行业转移到另一个行业。如果是否使用可再生自然资源的决策仅仅取决于收益,甚至是长期收益;那么只有当资源的生物增长比率大于动态投资所期望的增长率时,可再生自然资源才能以可持续的方式被利用。因为当今世界经济的增长率比大多数可再生自然资源的自然增长率都要高,这为不可持续的可再生资源利用方式提供了强大的经济动机。如果人们接受了自由市场经济体制下的游戏规则,当生物生产量无法与任何可选的投资方式匹敌时,不可持续地使用可再生资源就是理性的。

## 公共资源的悲剧

公共资源的意思就是被公众所共享的财产。大气、海洋、湖水和河流都是能够提供自然资源并吸收污染的公共资源。森林、牧场和灌溉水源也可能是公共资源。许多公共资源不是任何特定主体的财产。公共资源的典型特征是可以被"公开取用",它们可以被任何人以任何程度使用。但是,开放获取式的资源很容易被过度开采,因为没人负责控制它们的使用强度。

这种情况下的过度开采被称为**公共资源的悲剧**。个人利益的最大化并不等于群体利益的最大化。例如被汽车尾气所污染的大气层就是一种公共资源。一辆机动车所造成的空气污染微乎其微,但是一个拥挤城市所有汽车的尾气加起来就可能成为一场危害健康的灾难。全球变暖给生态系统带来了巨大的变化,而汽车排放的二氧化碳则是全球变暖的一个重要因素。

过度捕鱼的例子说明，以获取更多资源为目的，个体使用者的“理性”决策如何造成了公共资源的悲剧。如果所有的渔民都将他们的渔网数量限制在最适宜的数值之下，如图 10.3（A 点），渔业将会获得可持续发展。过多的网将会严重降低鱼类数量以至于每个人捕到的鱼都比以前更少（B 点）。单个渔民捕鱼的数量并不足以对鱼类整体数量产生显著的消极影响，但从整体来看捕鱼量却在减少，这便是公共资源的悲剧。每个渔民都知道如果他使用更多的网就能捕获更多的鱼，而不去考虑其他渔民使用的渔网数量。对于一个渔民来说，两倍的网会获得两倍数量的鱼（A1），因为单个渔民并不会捕获到能够对鱼类总量产生影响的鱼。然而，如果所有渔民都使用更多的网，鱼的数量就会因为过度捕捞而减少，远期 144

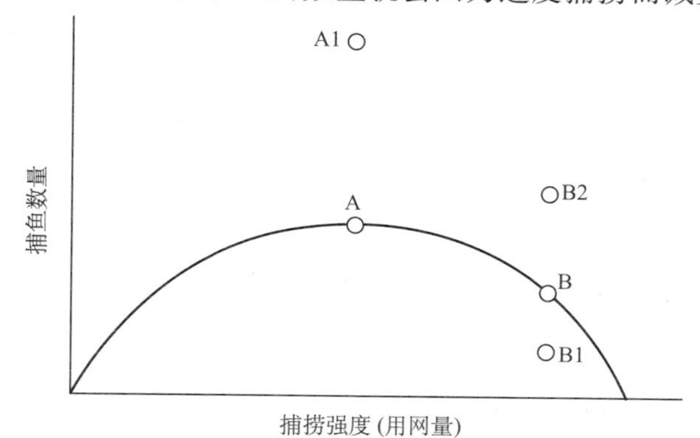


**图 10.3　公共资源悲剧的例子：捕鱼数量与捕捞强度的关系**

注：A. 所有渔民都使用较少的网实现可持续性高捕鱼量。

B. 所有渔民都使用过多的网。过度捕捞引起鱼类总量减少，导致每个人的捕鱼量减少。

A1. 当其他渔民用较少的网实现可持续性高捕鱼量时，一个渔民使用两倍数量的网。

B1. 当其他渔民过度捕捞时，一个渔民用了数量较少的网。

B2. 一个渔民用两倍于那些过量捕捞的渔民的用网量。

捕获鱼的数量就会减少(B 点)。公共资源的悲剧会引发渔民们使用越来越多的网直至现存的鱼被捕尽;因为即使当过度捕鱼很严重时,单个渔民仍可以通过用更多的网获得相对其他渔民更多的鱼(B2)。当其他所有渔民都在过度捕鱼时,使用少量渔网的渔民收获的结果就是他几乎捕不到鱼(B1)。

公共资源的悲剧对于个体来说是理性的,但对于整个社会来说是非理性的。由于有着公共性开放渠道,想要阻止公共资源的悲剧几乎是不可能的,但是如果资源的权属明确,资源的所有者有权决定使用者和使用方式,使用渠道是相对封闭的,那么这个悲剧 145 是可以被避免的。这种封闭性渠道的资源也可能被过度开采,但是这些资源的过度开采可以被拥有者用一些手段阻止,比如他们可以通过社会机构、社区行为制度的建立来确保每个人都在以可持续的方式使用资源。下一章将会具体阐述能够阻止公共资源悲剧发生的社会制度。

## 对农业和城市生态系统的巨大投入

人们通过投入物质、能源和信息为生态系统输入能量,以调整其结构,使其更好地服务于人类的需要,这就创造出了农业和城市生态系统。过去,能量的输入来自于人和动物的劳力。今天,大多数能量来自燃料能源。

在能量输入与可持续发展之间有一个重要的联系:如果需要大量的人工投入才能使生态系统的功能满足人类的需求,那么从长期来看，农业和城市生态系统就缺乏可持续性。因为要在长时期内确保提供可靠的巨大投入是很困难的。146

古代中东文明的历程给了我们一个很好的例子。中东文明一直依赖于灌溉农业，因为干旱的天气严重限制了自然作物的生长。像巴比伦一样的城市能够沿着美索不达米亚流域发展，是因为它可以利用河流中的水来发展农业，从而为城市人口提供粮食。这些城市延续了几个世纪，但是最后它们被埋在沙漠下，原因就是它们的农业系统崩溃了。

在这些古老的文明中，农业系统崩溃的原因是多样而复杂的，一个共同的原因是无法保持将灌溉河水送到农田的渠道。河水含有沉淀物（水中悬浮着被侵蚀的土壤），当水沿渠道流动时它们就留在了灌溉水渠的底部。如果沉淀物没有被从水渠中清除，它就会继续在其底部积累，直到水渠中的沉淀物多到阻塞了水渠，再也无法送水。在古代，用人和动物劳动来清除水渠中的沉淀物。今天，在工业化国家里，这个工作已由使用石油的机器代替。

中东文明利用大量的木材来建设城市。这些木材来自邻近的山区，如同河流中的水一样。在几百年之后，森林的砍伐和放牧引起的牧场退化毁掉了大多数覆盖着的土壤和保护它们免受侵蚀的植被。河流中的沉淀物增加，灌溉水渠中的沉淀物数量就相应地增加，因而就需要更多的人力和畜力来清除水渠中的沉淀物。在森林退化之前，自然本身的调节能够使水中没有沉淀物，从而使得灌溉水渠中也没有沉淀物。在森林退化之后，这项工作就转移给了人类。最终，水渠中的沉淀物太多以致人们无法清完，尤其是当复杂社会的其他部门需要更多的劳力时（包括战事等紧急事件）。

由于河道中有太多的沉淀物，它不能正常地运输水到农田中，因此灌溉农业和文明崩溃了。只要有这种情况发生，农业系统就是不可持续的，因为社会系统并不能持续投入足够大的能量来维持它们。

## 城市化以及对自然的疏远

当我们观察儿童对于自然界的好奇心和在平时的玩耍中对探求世界的强烈感情时，我们就会发现人类对于自然界探索的内在需求是多么明显。童年经历会形成我们对于自然的归属感以及对当时居住环境的具体的和亲密的认知。对于自然的感情需求被称为热爱生命的天性。童年的铭记过程，对于生物本能的全面发展非常重要，甚至被认为是人们心灵的一个基础部分；但是只有当一个孩童接近自然时这种情况才会发生——对于生活在城市中没有机会接触自然生态系统的儿童来说，这一过程是不可能发生的。结果可能当他长大成人后缺乏对自然的归属感和实现可持续发展所必需的自然知识。如果人们缺乏对自然的爱和尊重，就不能借此来规范自己的日常行为使之不损害自身的环境支持系统；那么再多的国际协定、政府规划和法规，以及课堂上的环保教育都是不够的。

147

童年时期与自然直接接触的潜在意义可以通过以下假设来说明。假设在未来社会中，儿童从出生起就跟家庭分离并在集体宿舍中长大。即使孩子们在学校接受了关于爱与尊重父母的日常教导，他们长大成人后跟父母的交往方式仍然会跟那些从小在父母怀抱中长大，并在童年经历了完整的家庭关系的人有着根本的差别。同样，如果对于环境的关心只是来自于学校的教育，那么这种关心可能会缺少实质性和深度，而这正是一个社会实现生态可持续发展的必要条件。

## 复杂社会的兴衰

城市社会系统的一个显著特点是它的社会复杂性，这是由社会角色分工的广泛差异性和专业性以及复杂的人类活动组织决定的。我们在过去的文明中可以看到社会复杂性在城市兴衰中扮演的角色，比如在美索不达米亚、埃及和希腊以及西半球的玛雅和印第安文明。这些文明的兴衰周期长达几个世纪。欧洲帝国在过去的 400 年内经历了一个类似的兴衰过程。

### 复杂社会的形成与发展

农业革命之前的早期城市体系是简单的村庄。它们都很小而且是相互独立的。村庄社会体系是平等的；几乎每一个都处于同等地位。人们按照性别来分工劳动，但是独立社会角色的数量很少。几乎每一个人都是万事通，为了维持基本生计，什么都做。大多数家庭自己生产食物，自己做衣服以及建造房屋。这时期也曾经出现过一些专业化分工，但是其中最简单的社会只有 25 种不同的职业。人类社会系统尽管在其他方面非常复杂，但是在农业革 148

命前，由于职业分工的缘故，这个系统相对还是比较简单的。世界上许多处于前工业时代的孤立地区仍以这种形式存在着。

只有当一个社会的农业系统产出的剩余超过了那些生产粮食的家庭本身的需要时，城市这个更大更复杂的生态系统才会形成。多余的粮食允许城市中的人们分化出多种多样的非农职业——劳动分工正是形成社会复杂性的核心。对于现代社会而言，一个典型的大城市应当拥有超过 10 000 个不同的职业。

在这些职业中，很多都是为了支撑社会的生产性活动，使得它们更有效率。这也为发明家和艺术家的活跃提供了机会。陶艺家和诗人、工程师和科学家、教师和牧师都加入到了丰富多彩的生活之中。然而，如此广泛的劳动分工需要花费大量的时间和能量来处理信息、流通、分配商品、记录财产所有权以及交换商品和服务。这个事实无论在今天还是在古代文明中都是一样的。古代文明留下的记录通常都是商业交易量的细节和库存清单。

复杂社会的劳动分工不仅仅是职业性的。根据权力和财富还会形成社会的阶级分层，并且会有一个以政府形式出现的阶级权威结构。

过去，文明与城市或城市群紧密相连，几个世纪以来，它们在规模和复杂性上不断增加，在越来越大的区域内扩展它们的影响力，这就是影响区。这个扩张并不总是和平的，经常包括对被征服人民的剥削和对他们资源的榨取。

典型的复杂性增长一旦开始就会一直持续下去。这将引发更149 进一步的发展和扩张，于是更大的复杂性产生了对于额外生产力的需求（图 10.4）。因此，城市增长和社会复杂性就构成了一个指数型增长的正反馈。一个城市最后可以成长到足够大以支配一个相当大的区域，而且它足够复杂，有着诸多的社会性控制，使得它的权力和财富看起来会永远持续下去。这就是复杂体系循环的平衡阶段。

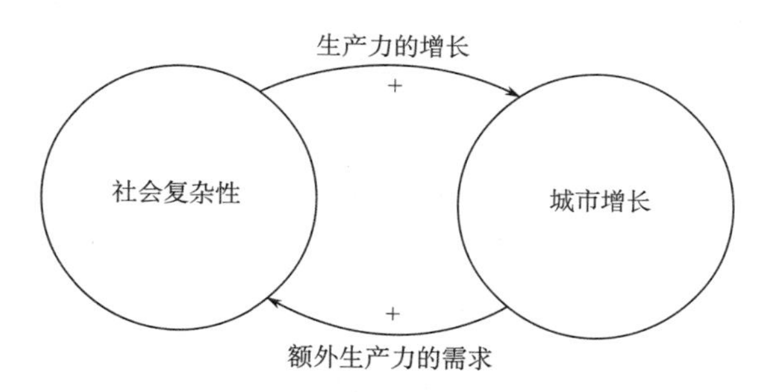


**图 10.4　社会复杂性和城市增长之间的正反馈循环**

## 复杂社会的衰落

最终，一个复杂文明的社会系统由于自身过于复杂，以至于难以继续有效率地运行。当社会复杂性超过最大限度时（图 10.5），更多的复杂性会因为以下原因带来生产力的下降：

• 社会复杂性的很多利益存在着*收益递减*。一旦技术和人类活动的组织达到了某个特定水平，即使更强大的技术和组织也无法产出更多的结果（图 10.5 的收益曲线）。

• 社会复杂性的成本巨大，因为组织和维护需要能量和人力的投入（图 10.5 的成本曲线）。

• 成本会继续增长，即使从更大的复杂性中已无法获得更大的利益，因此生产力（收益与成本之差）会下降（图 10.5 的生产力曲线）。

• 社会文化是鼓励额外复杂性的。这会导致复杂性在缺少对系统整体功能有益结构的情况下随意增殖。

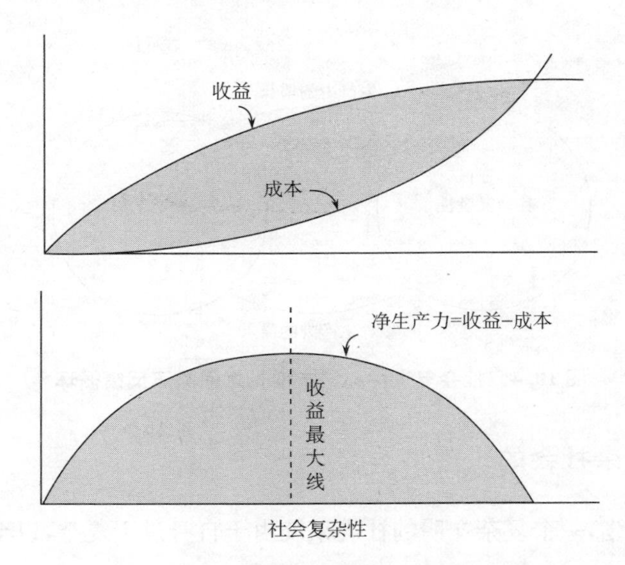


**图 10.5　社会复杂性的收益与成本曲线**

结果是社会的生产力及其生活标准下降了。对于一个过于复杂的社会来说也许降低它的复杂性到一个最适宜的程度是理智的做法。然而，社会系统通常变得更加复杂，因为人们往往确信更多的复杂性是处理问题的最好办法。

当一个社会的复杂性超过最适宜度时，通常它就会开始经历严重的环境问题，并开始衰退。几个世纪慢慢积累的由对生态系统过度需求所导致的危害最终会引发农业生产力的衰退、食物和其他可再生自然资源的短缺(图 10.6)。社会不再有过剩的食物和其他资源来支持庞大的城市人口和维持食物供给。当食物储备和其他必要资源减少时，社会系统将丧失应对进一步衰退的弹性(应变能力在第 11 章讨论)。

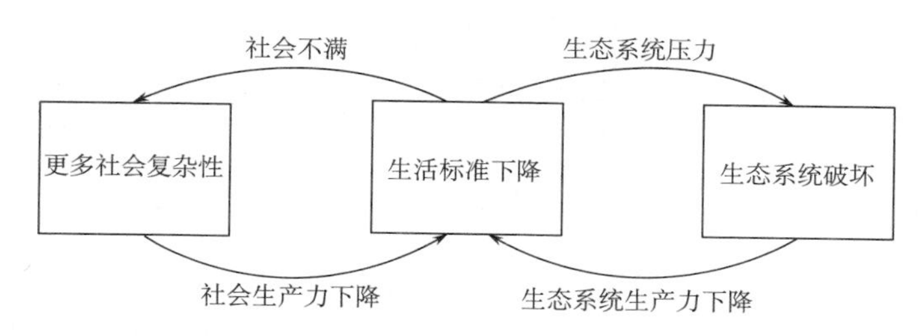


**图 10.6　复杂社会兴衰过程最终阶段的反馈循环**

当生活标准降低时，城市区域影响范围内的社区将表示不满，并会试图切断它们与城市之间的联系(图 10.6)作为回应，政治权威会依靠武力来强迫周边社区继续支持城市。政治权威也会为一些工程投入更多的资源，比如为了美化城市形象而建造的纪念碑或者精心策划的庆典活动等。由于军事花费和美化工程都很昂贵且不增加生产力，生活标准就会更加低下。为了增加生产力，对周边人民和环境的需求更大了。这带来了更大的环境危害、农业生产力进一步下降、生活标准进一步降低，人们更加不满。这些衰退的积极反馈作用最终会导致城市被遗弃。城市居民迁移到机会更好的地方(重新组织)，于是又一个新城在另外的地方形成。151

复杂社会的兴衰并不只是古代文明的故事。现代城市生态系统的兴衰经历了复杂的系统循环，在空间尺度上从街区发展到小型城市、大城市再到巨型城市群以及整个文明。居民或商业活动的搬迁会引起一个街区的成长。几十年后，同样的街区会衰退，因为居民和商业活动搬到了另一个更有竞争力的街区。在更长的时间范围内整个城市也会发生同样模式的变迁。

城市成长、衰败以及再生的例子跟人类文明一样古老，因此现代社会关于人口爆炸和全球经济扩张的故事也没什么新鲜，只是它以一种更加严重的方式发生了。直到最近，城市生态系统的成长和衰退才到了地区和地域的层面。当城市或地区性的文明衰败时，人们会搬到新的地区。现在，随着全球运输、通信以及经济的全球化，人们的社会体系正在变成单一的全球性社会体系，地球的生态系统正在通过人类活动紧密联系在一起。人口和社会复杂性的增长在全球每一个城市的生态系统和社会系统中史无前例地同步发生了。在过去，成长、衰退和移民是地区性或者地域性的；而现在，一场全球性的衰退正在酝酿，人类已经无处可去。

152

## 一厢情愿与预防原则

最近几年，随着环保意识的加强，很多政府正采取措施来阻止对自然资源的过度开采和消耗。具有讽刺意味的是，一些可再生资源正是在保护工作开始后才枯竭的。这在某种程度上是因为现在的人口和经济增长对于生态系统服务产生了更多的需要。然而，很多保护可再生资源免于被过度开采的尝试是失败的，因为人们对于资源极限的认识是不现实的。这就是我所说的一厢情愿。

过去20年海洋渔业的历史说明了一厢情愿的危害。大概在20年前，沿海国家宣布了它们对于海洋和海岸320公里内资源的所有权。这些区域被称作外延经济区，包括区域中的鱼、石油和矿藏。政府制定管理计划和制度来控制他们自己国家的渔民和外延经济区中外国渔民捕鱼的数量和种类。通常的惯例是为“最高持续产量”而管理——为了长期目标内可能的最大捕鱼量。管理计划通常建立在专家建议以及渔业现状的基础上。在接下来的几年中，很多具有商业价值的鱼的数量大幅下降，尽管这些鱼一直在被保护着。很多这样的管理计划并不是完全成功的，为什么会发生这种情况？

首先，科学家不得不依据不确定的信息进行研究，而通常管理计划并不允许对鱼类产量和能够承载捕捞的鱼类数量的评估出现错误。其次，管理计划并没有考虑到鱼类数量可能会因为海洋中物理和生物等自然条件的波动而逐年发生变化（例如海洋生态系统状况的自然改变）。在某些年份中，海洋的物理条件和食物供应会更适合新一代鱼类的繁殖；在另一些年份中，幼鱼会很难存活。结果，在某些年份中，鱼类数量可以承载更多的渔业捕捞；而在另一些年份中，鱼类存量则会受到等量渔业的严重消耗。最后，渔业技术的提高可以增加渔民捕鱼的数量。当这一情况发生时，要确保捕鱼量在可持续的范围之内就需要修改制度。

153

政府会接受乐观而冒险的计划是因为渔民想要捕捞尽可能多的鱼。他们最初的方式是：无论年头好坏，管理计划通常都允许渔民每年捕捞同样数量的鱼。当一个计划高估了可持续的捕捞量，或者被允许的捕捞量太接近极限，或者当环境条件改变而制度没有重新修订时，鱼类数量将会大幅下降。鱼类数量无法在连续几年的非正常低产出情况下承受接近极限的捕捞强度（图 10.7）。最著名的一次是北冰洋鳕鱼捕捞业的崩溃，鳕鱼捕捞在几个世纪之内为成千上万的渔民提供了生计。这些改变可能是不可逆的。即使捕鱼数量减少，有商业价值的鱼类数量也不会回升。

这个故事给我们的教训是，只有当对生态系统的使用强度始终小于看上去的最大值时，生态系统服务才可以在一个真正可持续发展的基础上进行，这就是预防原则。把生态系统推向临界值是很冒险的行为，因为对临界值的估计是不准确的，而且生态系统所能提供服务的承受能力是波动的。如果人们由于对生态系统的使用强度过大而将其推至稳定域的边界，自然生态系统的波动就会通过降低生态系统服务水平的方式来保持生态系统的稳定（图 10.7）。

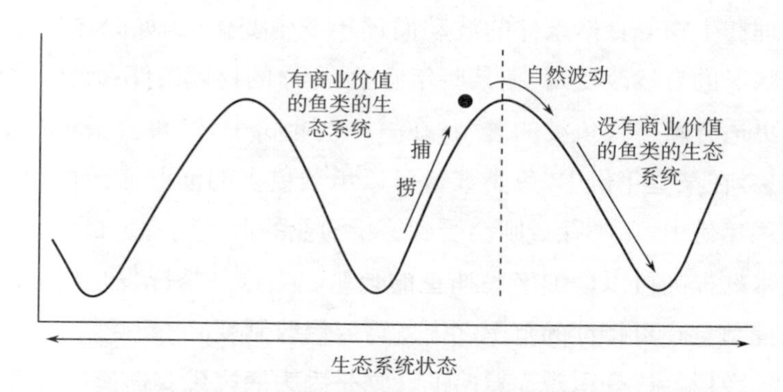


**图 10.7 当捕捞太靠近受自然气候波动影响的渔业生态系统稳定域边界时，稳定域就要发生改变**

预防原则已经成为制定环境政策的一个主要指引，它是基本常识的反映。日本禅宗有句谚语："生活恰如盲人过独木桥，必须小心翼翼。"一个盲人的探索过程与第 11 章所讲的适应性发展的确定过程是相似的。由于预防原则有助于在人类与生态系统相互作用的广泛的范围内维持生态系统的健康和可持续性，它的贯彻实施能够避免直接对生态系统的资源和服务进行最大化开采。预防原则的简单明了之处在于它与占主流的现代全球化经济潮流相反；后者鼓励企业家的冒进，对经济增长充满信心，并以此作为至上的美德。 154

预防原则的实际实施不能独立于生态系统的可持续性与其他社会关注的热点之间的短期平衡。最近，一个涉及夏威夷商业捕鱼的事件说明了人们的观点在划定界线的问题上有着根本性的不同。一些自然保护组织已经开始着手利用法律强迫美国政府停止一些地区的线网捕鱼，在那里，线网捕鱼会杀死本不想捕猎的海产哺乳动物、海鸟、海龟和鱼类等。这个合法行动的影响是很大的。不允许线网捕鱼会减少当地渔业从业人数并会降低对消费者的鱼类供应。无论线网捕捞停止与否，对这个问题的处理都会使政府不得不增加诉讼和研究的经费，而这些经费将来自原本有利于这些物种的项目(例如保护哺乳海龟产蛋的海岸)。线网捕鱼对这些物种到底有多大的伤害，停止这项作业是否会使它们受益？这个问题的答案对于确定是否对线网捕鱼采取适当的限制至关重要。然而，科学的信息很有限，而且由违法者对这些信息作出的阐释往往带有误导性质。一些人认为线网捕鱼几乎不会杀死海龟，对渔业方法的修改可以保护其他哺乳动物。在采取更极端的措施例如停止整个渔业作业之前，他们更愿意先去修改捕鱼方式，然后看结果。另一些人则认为即使是对哺乳动物生态系统存在潜在危害也是不能容忍的，坚持认为线网捕鱼应该停止。

这个例子意义深远。现代社会系统在人类的一厢情愿面前显得非常脆弱。这不仅仅取决于生态系统尚能支持多大的需求，也取决于现代科技在多大程度上具有操控生态系统满足这些需求的能力。我们对生态系统并没有足够多的科学认知，无法提前得知我们在危机到来之前能够对生态系统作多少改变。即使有更多的科学信息和更强155 大的电脑来处理信息，生态系统仍然太过复杂以至于人类无法预知我们的行为会对它产生怎样的结果。并且，对我们赖以生存的宏大生态系统的微观控制是不可能实施的。我们没有足够多的科学家——也没有足够的人力和能源——来解决我们错误地使用生态系统所产生的问题，以及那些由生态干涉所引起的新问题。

## 需要思考的问题

1. 看一下自由市场经济条件下流动资本的例子。第一个可选方案是，可持续地使用森林，以使它能在长期内可持续地提供木料。第二个可选方案是砍掉所有的树木，然后将所获得的钱投在其他行业中，它不能持续地提供木料。你知道为什么第二种可选方案能够在长期投资中获得最大利益吗？第二种可选方案解释了为什么从商业角度来看，流动资本使得增长缓慢的不可持续性生物资源利用成为一个理性的选择。想一想由于流动资本导致人们与生态系统间不可持续相互作用的实际案例。

2. 思考一下你所生活的社会系统中，人类与生态系统相互作用不可持续的内因。首先是本地层面的因素，然后是国家和全球层面的因素。想一下由于以下原因使得人与生态系统相互作用变得不可持续的具体案例：
   - 人类移民
   - 技术
   - 公共资源的悲剧
   - 经济系统
   - 城市化
3. 列出你所在的社会系统中，不同阶层的社会复杂性带来的特定收益（当地社区、国家、全球社会）。在不同的社会组织层次上社会复杂性的一些代价是什么？你认为你所在的社会系统位于图 10.5 中曲线的哪一点？它的社会复杂性是接近、低于还是高于最适合点？
4. 童年时代跟自然的接触看起来十分重要，因为它可以在人成年后建立起一套知识和判断体系，这正是成人与生态系统建立可持续相互关系所需要的。你在孩提时跟自然有着怎样的接触？与跟你有着类似童年经历的人交流，也跟那些有截然不同经历的人交流。你的童年经历在你成年后是怎样影响你对于生态系统的态度和行为的？
5. 确定你所在地区的农业和城市生态系统对能源或者其他形式资源大量依赖的方式，这种依赖导致它们易受价格提高和供应紧缩的影响。怎样做可以降低这种脆弱性？

156

6. 你所在的地区和国家领导人(商业、政府等)在社区或国家安全利用生态系统方面有哪些一厢情愿的表现？请将他们的态度和行动与预防原则相比较。社区领导人为什么会找到这条发展道路？大多数公民都跟他们的社区领导人有着类似的态度和行动吗？如果这里有各种各样的态度和行动，不同的方法之间有什么联系？你觉得怎样才能使人们更加关注预防原则？

(王小丹译　刘海静校)

# 11 可持续的人类与生态系统的相互作用



现代社会应该如何实现生态的可持续发展？首先，也是最重要的，是不能破坏生态系统。

- 避免破坏生态系统，避免其失去提供基础服务的能力。
- 当使用新技术时，应注意它给环境和社会带来的副作用。
- 避免过度开发渔场、森林、水域、农田以及其他生态系统中提供必要的可再生资源的组成部分。逐渐增加对可再生自然资源的利用，监督控制对资源的破坏。
- 建立合理的社会制度以杜绝公共资源的过度使用。
- 在任何情况下使用自然资源、处理垃圾或与生态系统相互作用时，都应遵循既定的原则。

其次，为使自然尽可能发挥其自身效益，应以自然的方式做事。

- 利用自然自身的组织能力，减少生态系统组织所需要的人工投入。
- 发展低投入技术手段，使自然自行运作。
- 利用自然的积极和消极的循环回路，而不是与它们作对。
- 利用自然循环，将生态系统一部分的废弃物当作另外一部分的资源。

158 • 组织农业和城市生态系统模仿自然的策略。例如，将农业生态系统组织成混合栽培型(即在同一地区栽培多种作物)，类似于在同一气候地区的自然生态系统。通过一种“技术循环”将人工制造的产品进行循环利用，避免其中的垃圾进入生态循环的过程中来。

可持续发展在实际中是如何实现的呢？本章以介绍一个十分重要的例子作为开篇——以社会制度阻止公共资源的过度利用。接下来分析了城市生态系统与自然生态系统共存的问题。最终通过研究得出可持续发展的两个必不可少并相互关联的特性：

1. 弹性——社会制度和生态系统在剧烈的、不可预料的压力下继续运作的能力。

2. 适应性发展——社会制度应对变化的能力。

弹性和适应性发展是非常重要的，因为生态可持续发展并不是简单的、与自然环境保持和谐均衡的问题。对可持续发展来讲，避免生态系统遭到破坏显然是十分重要的，但并不够。人类社会是不断变化的，自然环境也是如此。可持续发展需要一种应对变化的能力。弹性和适应性发展是获得这种能力的关键。

## 人类社会制度与公共所有资源的可持续相互应用

我们应如何避免公共资源的过度使用呢？有些社会制度使过度开发公共所有资源成为个人理性的选择，从而造成公共资源的悲剧。在这种情况下,我们需要建立新的制度来保证可持续应用成为理性的选择。学者们在世界范围内对比了上百种社会形式,研究社会制度与资源可持续使用之间的联系,例如森林、渔场、灌溉以及公共草场的使用。他们发现一些社会在避免公共资源的悲剧上是非常成功的。每个例子中细节是不同的,但成功的案例都遵循以下共同的主旨。 159

1. 清晰的所有权和界限:团体所有权区域的清晰界定,对资源的过度利用提供了必要的控制。资源的利用并不是开放的。领域性是一种公共社会制度,人们用它来确定所有权和界限。国家公开宣布的沿海管辖区域,是为了确定沿海岸线 320 公里以内的滨海自然资源的所有权,这是避免享用公共所有资源的现代案例。

2. 资源可持续使用的承诺:公共所有资源的所有者必须真正希望以可持续的方式来使用它。他们必须同意:

- 私自利用是对于资源的一种破坏;
- 合作利用资源将减少破坏的风险;
- 未来是重要的(满足其子孙发展的机会与满足他们自己的短期收益同等重要)。

如果所有者有过共享的经历,彼此信任,期待一个共同的未来,并注重他们在社会中的名誉,这样是最好的。如果对于资源所有者来说,民族差异或经济状况不是冲突的来源,那么就更容易做到以上几点。

3. 在使用资源上达成一致:每个人都应该对资源有足够的了解,以理解不同方式利用资源的结果。好的规则不仅需要充分认识资源本身,也需要了解使用这些资源的人群。好的规则是简单的、目的明确的，也是公平的。没有人喜欢为了他人自私的利益牺牲自己。好的规则带来的效益超过合作的成本，包括组织开销，为组织运作所付出的必要努力和牺牲。好的规则不浪费人们的时间或其他有价值的资源。

4. 内部的适应机制：社会系统或生态系统中的变化常常来自于“外面的世界”，因此适应公共所有资源的使用规则是早晚的事。适应规则的机制应该是简单的、不昂贵的。变化应该是慢慢增加的，以避免产生重大错误。仔细监视新规则在付诸实施后会发生什么是十分重要的，由此组织能够决定是否进行下一步的改变。160反复摸索演化的规律是社会系统自组织的一个例子。

5. 执行规则：人们常常遵守规则，如果他们认为其他人也遵守规则。避免人们打破规则的最好方式来自内部的监督——资源使用者之间互相监督——并有外部的监控作为补充，例如守卫。每个人必须清楚，如果他破坏规则，将被其他人知晓。如果犯规行为很有可能被发现，严厉的惩罚就不是必需的。社会压力以及会被抓住的尴尬已足够制止这种行为。惩罚应尽量小，因为惩罚是对合作精神的破坏。

6. 解决冲突：人们有时候对于特殊情况适用何种规则有不同的看法。解决冲突应是简单、易行、公平的。

7. 少量的外部干预：地方自主权——能够独立运作，不受他人控制——是非常重要的，因为外部权利可能会强加一些不符合当地情况的决定。不能可持续应用公共所有资源的一个最时常发生的原因，来自于政府当局或外部经济力量的干预。“局外人”可能不关注当地的可持续性，同时局外人很少对地方情况有足够的了解，不知道在当地的条件下哪种规则将起作用。

## 一个成功利用公共所有资源的案例：土耳其的沿海渔业

当渔民对禁止过度捕捞不予合作时，公共资源的悲剧就成为一个常常碰到的问题。因为许多传统渔村在村庄附近拥有他们所能管辖的捕鱼区域，并拥有明确的权属，这是资源可持续利用的基础。一旦明确了所有权，就有了建立阻止过度捕捞规则的可能。土耳其沿海区域的渔民提供了一个让规则有效运行的案例，因为他们适应了当地的条件。土耳其渔业有以下两个重要特征： 161

1. 一些区域比另外一些更适合捕鱼。

2. 由于鱼类在一年中的不同时期迁徙到不同的水域，因此一些区域在一年中特定的时期内更适合捕鱼。由此渔民发明了以下规则：

• 他们用地图将捕鱼区域划分成几个地段，地段大小与渔夫数量是平等的（图 11.1）。他们在捕鱼季节开始的时候进行抽签，来决定在这个季节的第一天每个渔夫在哪个地段捕鱼。

• 第一天每个渔夫只能在指定的地段内捕鱼。第二天他只能在下一个编号的地段内捕鱼，接下来的每一天他都必须从一个编号的地段转移到另外一个编号的地段进行捕鱼活动。

这些规则是简单易行的，因此很容易被所有的人理解。尽管好的地段、差的地段以及一年中鱼群的动向是复杂的，但这些规则仍是公平的。每个渔民都有在好的地段和差的地段捕鱼的机会。

这个规则执行起来也很容易。如果规则被打破的话，常常是

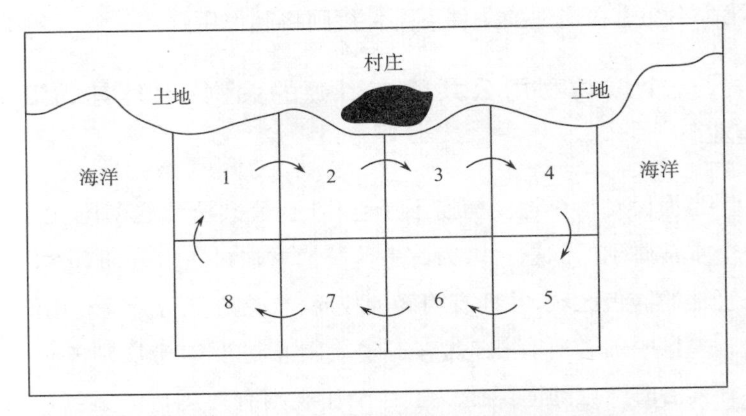


图 11.1　土耳其沿海渔业的一个避免公共资源悲剧的系统

渔民在没有轮到他们在好的地段捕鱼的时候就去捕鱼。这是很容易被发现的，因为当渔民被允许使用好的地段时，他总会去那里捕鱼。因此，使用好地段的渔民会确保其他渔民不使用这个地段。

## 一个成功利用公共所有资源的案例：日本传统乡村的森林管理

1 000 多年以来，森林在日本是重要资源的主要来源，例如水、建设用的木材、茅草屋顶材料、饲料、农田的有机肥料（分解的树叶）以及煮饭和取暖用的木柴和木炭。虽然日本人高强度地使用他们的森林，但他们把森林作为一种内部独享的公共所有资源来管理，因此避免了公用资源的过度使用。每个村庄控制着森林使用权，决定谁来使用森林以及如何使用。尽管稻田等农业用地是私人所有的，但森林是属于整个村庄的。每个人都同意森林等公用资源应该由村庄统一管理以满足整个村庄的长期需求。

村庄里的每个家庭都有权利使用森林，森林利用的规则是由村庄委员会和来自家庭的代表共同决定的，这些代表的决策权是由土地所有权、土地使用权或交税的义务等授予的。其规则设置如下：

- 限制每个家庭从森林中获取产品的数量规模；
- 为村庄中的每个家庭提供平等的使用权，同时在整体上控制村庄的过度采伐；
- 花费尽可能小的开销来执行计划；
- 符合当地环境的具体情况。

广义上的家庭是使用村庄森林的基本单元，每个家庭被指定在确定的日子中采伐木材和其他材料。对于大多数材料来说，每个家庭在它预定时间内能运走的数量是没有限制的。在许多村庄，一些家庭被组织进一个叫做库米(kumi)的团体。每个库米被指定在森林的不同区段进行采伐。为了保证公平性，分配每年变换一次以使每个库米能够利用森林的不同区段。

一个从森林里带走动物饲料的典型模式可以阐释规则运行的方式。每户家庭只能派一个成年人在指定的森林区段和指定的时间割草。每个在相同库米中的人排列成一条线，在他们的森林区段内割草，并且他们只能在听到寺庙钟声响过之后开始割草。割完之后他们将草留在原地晾干。大约一个星期以后，每户家庭出两个人进入森林将干草捆绑成束，并将草束以相等的大小放置成堆(在库米中的每户家庭都有一堆)。然后一堆堆干草通过抽签分配给每个库米中的所有户家庭。

163　每个村庄都会发展它们自己的确保规则实施的方式。人们只被允许在特定的日子里到森林来采伐，如果他在其他的时段来，则必然打破了规则。多数村民会雇用看护（对年轻男子来说这是一个受人尊敬的工作），他们两人一组骑着马巡查森林。在某些地区的村庄中所有的年轻男子轮流担任看护。在没有看护的村庄里，任何村民都会检举他们看到的不应该在某个时期出现在森林中的人。

对于破坏规则的人每个村庄有它们自己的惩罚措施。森林看护常常以沉默和简单的方式对待偶尔的违规，或者对犯规者进行小量的经济处罚。如果违规行为非常严重，那么看护将没收非法收获以及规则破坏者使用的所有设备或者马匹。规则破坏者不得不支付罚款以便领回他们的设备和马匹。罚款的数额取决于违规的严重程度、规则破坏者快速改正错误的意愿以及他是否存在违规的前科。

人们有时候打破规则是因为他们在某个他们不被允许取用材料的时期内，对木材有强烈需求。破坏规则的一个有效策略是派家中最漂亮的女儿进入森林，因为看护（通常是年轻男子）对待年轻女子更加宽容。如果规则破坏者有一个很好的理由，那么惩罚将并不严厉。例如，曾发生过一个大量村民在确定日期之前进入森林砍伐树枝的事件，因为他们田上的植物急需这些树枝，否则村164 民可能失去这些作物。这些规则破坏者被给予了较轻惩罚，因为村庄委员会认为到指定的日期再从森林里取用树枝确实太晚了。这些规则破坏者只需要向村庄的学校捐赠少许财物。

日本的社会制度在村庄森林管理方面是成熟的，并经过了几个世纪的改良，在德川时代(1600—1867)达到了顶峰。管理之所以成功是因为它们是地方性的。虽然日本是一个封建的、在许多方面专制的社会，其对森林利用的规则细节也不是由村庄之外强加的。对森林的利用以家庭为基础，而非个人，也是非常重要的。即使家庭成员增加，该家庭能够从森林里取得的木材和其他材料的份额也不会增加。同时，大的家庭不能分割成两个，除非他们得到村庄的特别许可。因此，每个家庭有强烈的动机不要太多的孩子，所以在德川时代日本的人口数量几乎没有增加。

日本森林管理的传统体系在明治维新(1868)之后开始衰退，"二战"后，随着国土、社会及经济结构的改变，这个体系变得更加恶化。随着全球经济的发展，日本已成为一个高度城市化的国家，此时森林对于居民水源、农业、工业原料来说仍然是非常重要的，但其角色却发生了改变。由于进口化石原料作为日常燃料，进口其他国家的木材作为基本建设的材料，将化肥引入农业，森林作为基本材料来源的重要性降低了。每年城市的扩张致使大片森林被砍伐，而剩余的森林作为大量城市人群周末娱乐场所的作用日显重要。

## 公共所有资源可持续利用的规模

大多数已知的公共所有资源可持续利用的案例是地方性的。地方水平的资源利用存在诸多优势，包括以下几个方面：

- 小规模的地方性资源更加均一，也更加容易理解。
- 当地人对资源有更全面的认识，因此了解什么样的规则更有效率和有更稳固的基础。

• 当地人由于相互足够了解,具备相互信任的基础。

• 当地人渴望可持续利用,因为他们的利益是与当地资源的未来联系在一起的。

人类与生态系统相互影响的一个重要问题是,可持续利用公共所有资源在大的规模上是否可行?到目前为止,在更广范围内的资源可持续利用经验还没有得到推广。跨国公司对资源的过度开发是导致公用资源过度使用的一个典型例子。当今全球经济的发展依赖于大规模的资源利用是无可争辩的事实,建立可行的国际化社会制度来阻止公共资源的过度开发是我们时代的主要挑战。

165 在自然资源的利用上,地方、区域、国家以及国际利益之间存在冲突是合情合理的。政府所有的资源,如林地,在某些地方是进行可持续管理的,但在另外一些地方则是非可持续管理的。政府的管理在木材利用、牲畜放养或者人们对其他资源的利用方面,有共同的历史,这些资源受到政治的影响价格都低于其真实价值,并且常常没有足够的对可持续利用的关注。既然资源利用在广域上的控制是不可避免的,那么就应该分等级进行组织,以便国家或者全球经济力量和政府授权者不会将地方的参与排除在外。

## 城市生态系统与自然的共存

第10章描述了城市化与可持续的人类生态系统相互作用之间的冲突。城市从农业生态系统中获取食物和其他产品。它们依赖自然生态系统来获取水、树林、休闲地以及其他资源和服务。然而，尽管存在这种依赖，随着城市的增长它们依然趋向于置换或者毁坏农业和自然生态系统，因此它们所需要的环境支撑系统正在逐渐缩小。城市在农田和农业生态系统之上不断扩张；甚至在城市没有替代农业或自然生态系统的地方，对生态系统产品的过度需求也会导致过度开发和破坏。城市扩张也会间接地破坏自然生态系统，因为对农业生态系统的取代和对农产品的需求可能刺激农业在远离城市的地方扩张，这样就取代了自然生态系统。现代城市生态系统对远处的自然生态系统可能有强烈的影响，因为它们的供应区延伸到了世界很多区域。

为什么城市社会系统在对毁坏或破坏其所依赖的自然和农业生态系统的管制方面表现得不尽如人意呢？一部分的扩张（正如在第10章所讨论的）是由于城市社会与自然的疏远，尤其是如果人们在童年与自然或农业生态系统没有接触。这对城市景观设计的影响是深远和巨大的。对于一个生态可持续的社会来说，提供 166 与自然接触的童年经验的城市景观是非常重要的。直到最近，基本上所有的城市才包含了由城市、农业和自然生态系统共同组成的景观马赛克，为大多数居民提供了步行距离内与自然直接接触的机会。不幸的是，今天的许多大型城市已经变成“混凝土森林”，其中不再有与自然接触的机会。结果可能是在不断增长的城市化社会和为童年提供更少的与自然接触的机会之间的正反馈循环，那些与自然缺失情感联系的人是不会吝啬于对城市环境支撑系统的破坏的。保证自然生态系统作为城市景观的一部分，或者在那些已经失去绿色的区域寻求修复的方式，应该放在城市社区议程的前列。

自然生态系统在与现代城市生态系统紧密联系的情况下是否能幸存？如果区域中的人们关心而且足够积极地保护自然生态系统不被污染、破坏或者过度干扰，还是可以实现的。加利福尼亚南部城市与丛林的共存就是一个例子。丛林生态系统以生长浓密的高灌木丛和大约 2—3 米高的小乔木为特征。它们拥有丰富的物种，诸如鸟类和其他小动物以及鹿、美洲狮、山猫、土狼和狐狸等大型动物。加利福尼亚南部一些城市的居住区有着曲折的边界，可布置大量家庭可接近的自然丛林生态系统（图 11.2A）。这些边界有时是由丘陵地带形成的，是城市周边地形的一部分。稠密的丛林植物限定了人类活动的路线，保护了自然生态系统不受人类的过度冲击；同时提供了徒步旅行、山地自行车以及其他相对温和的活动。

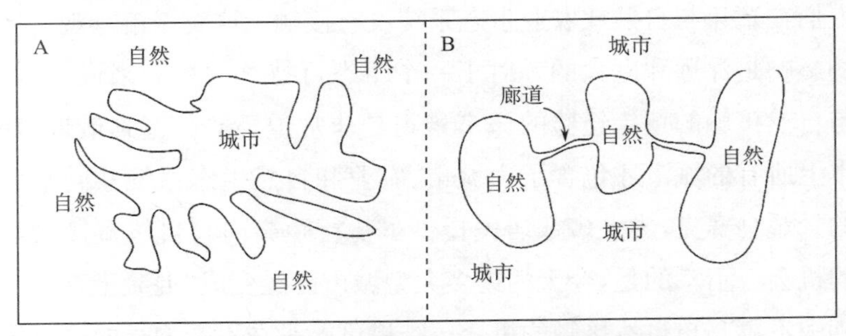


**图 11.2 城市和自然生态系统的景观拼接**

167 自然生态系统的规模对于保持其在城市区域内的完整性是十分关键的，因为要实现自然生态系统的完整功能，其尺度必须足够大，以便提供所有生物群落的栖息地。大型食肉动物需要几平方公里以上的领土来提供它们所需的食物；如果生态系统太小，它们将无法生存。一种确保自然生态系统足够大的方法是用自然生态廊道将各个小斑块联系起来（图 11.2B）。

## 圣塔莫尼卡山

即使相互比邻的城市和自然生态系统能够共存，如果自然生态系统被城市扩张所覆盖，它们也会很容易消失。圣塔莫尼卡山在洛杉矶西部边缘拥有 900 平方公里的自然区域，其近期的历史阐明了社会制度是如何控制自然系统之上的城市扩张的。圣塔莫尼卡山的住宅散落分布在拼接式的景观之上，这种拼接式的景观以山坡上的丛林和橡胶林地生态系统和峡谷底部的偶尔可见的溪流为特征。到 20 世纪 50 年代，为了实现居住区的发展，在该区域对坚硬的山体进行平整已经在技术上和经济上变得可行。挖掘运输机的使用是二战期间在太平洋岛的山上建造机场跑道时发展起来的。城市附近的山通常拥有公共所有和保护的高度优先权，因为它们是城市水源地，但洛杉矶是从几百英里以外的河引入城市用水的。20 世纪 60 年代中叶，圣塔莫尼卡山 98%以上的土地属私人所有，许多大规模的土地属于一些公司，这些公司打算平整土地来建造数以千计的房屋。20 世纪 50 年代到 60 年代期间，洛杉矶将其高密度的住宅分区拓展到山地区域，在几十年的时间里住房覆盖了大多数土地，威胁到了山区。

市民的积极行动推动地方、州、国家各级政府采取决定性措施保护这个区域的自然景观，最终，高密度住宅向圣塔莫尼卡山的扩张还是被控制住了。自20世纪60年代末期开始，洛杉矶西部毗邻圣塔莫尼卡山的一个高度有组织的、积极的、固定的市民联合体——圣塔莫尼卡山房屋所有者联盟——以及环境组织例如西拉俱乐部(Sierra Club)等均向各级政府进行游说，以求保护圣塔莫尼卡山。在一部分洛杉矶议会代表、加利福尼亚州立法机关，以及 168 美国国会的积极支持下，20世纪70年代末所有三级政府都有了一些行动。通过谈判和土地征用，加利福尼亚州获得了45平方公里的私人所有的未开发土地，这些土地邻近洛杉矶边缘居住区向山地拓展的区域。1974年，新获得的土地成为托潘加州立公园，其中居住和商业开发以及高速公路建设是完全被禁止的。1978年，美国政府的国家公园管理局建立了圣塔莫尼卡山国家休闲区，以促进整座山体的自然保护。1979年，加利福尼亚州向美国政府提交了一个涉及圣塔莫尼卡所有山脉的综合规划。州立法机关创立了圣塔莫尼卡山保护协会来执行综合规划，这个区域所有城市和县政府，即使没有在法律上完全遵循这个规划，也同意在原则上遵守它。

圣塔莫尼卡山保护协会和国家公园管理局都承担一些职能，如土地收购、保护他们获得的土地的自然发展和维护例如徒步旅行路线等娱乐设施，以及作为地方政府综合规划的代表听取关于私有土地发展的陈述。两级政府在不同的制度优势、优先权以及管理风格下会寻找相互重叠的任务——重复和不同使他们能够共同完成不能独自完成的任务。圣塔莫尼卡山大约40%的土地现在归国家和州所有，另外15%的土地归国家和州所有作为最终获得的目标。然而，随着私有土地开发为居住区或其他有利可图的目的例如葡萄园，拥有自然植被的区域的总面积正在逐渐缩小。积极参与以促进合理使用私有土地，已经成为州和国家代理机构的首要任务，因为私有土地的不当利用能够对其周边处于政府保护下的土地的生态产生广泛的负面影响。私有土地的利用对其他方面的影响非常复杂，有正面的也有负面的。即使大量私有土地最终被城市或农业发展所利用，州和国家政府、地方居民、休闲人群以及保护土地的环保人士仍将作出长期努力，以保证区域的景观为子孙后代保持可持续的自然生态系统。

## 弹性与可持续发展

169

弹性是指在偶然的、剧烈的干扰下一个生态系统或社会系统仍能持续运作的能力（图 11.3）。为理解弹性，想象一个橡皮筋和一条连成环的细绳。如果橡皮筋被拉伸至它正常长度的两倍，当压力消失的时候它能够恢复到正常长度。橡皮筋是具有弹性的，因为在被一个强烈的拉力改变之后，它能迅速恢复到原有形状。环状的细绳与橡皮筋不同，如果拉伸超过它正常的长度它就断了，因此它不具有弹性。如果建筑被设计为抵抗剧烈地震，那么它们是具有弹性的。社会系统和生态系统如果能够承受剧烈的干扰，那么它们也是具有弹性的。

弹性生态系统是可持续环境支撑系统的支柱。拥有弹性的关键是预期到事物如何发生故障以及为最坏的结果作打算。下面是一些实现弹性的方法：

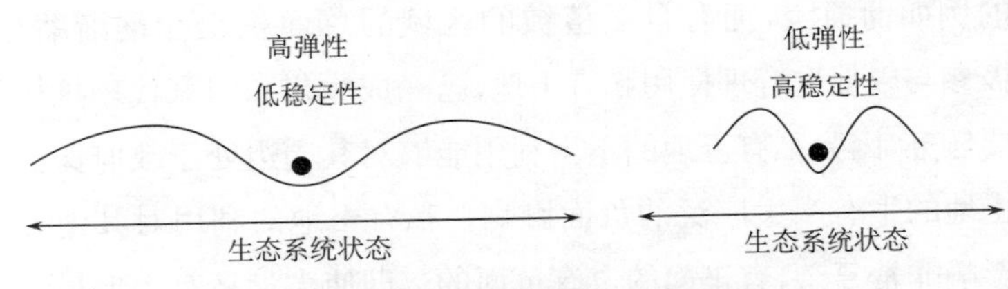


**图 11.3　稳定域图表:高弹性和低弹性的对比**

• 重复性:功能的复制和多样化为出现故障的状况提供了后援。这个原则在现代航天器的设计上是最显而易见的,其中有大量的后援系统可以替换航天器中不能正确运作的部分。重复性在自然生态系统中也是显而易见的。重复的生态角色和生态位物种的存在有助于增强生态系统的弹性。

• 对人力投入的低依赖:可持续的人类—生态系统相互作用与生态系统中较少的人类投入是有关联的。自然主宰大部分事物。高度的人力投入会降低弹性,因为影响社会投入能力的事情迟早会发生,就像灌溉沟渠被沉积物堵塞这个中东文明衰败的例子(第 10 章)。

170

人类生态系统是需要弹性的,但是它可能与其他同样有益的社会目标发生冲突。例如效率对现代商业企业来讲十分关键,因为低运行费用对生存是必需的。然而经济效率和生态系统弹性经常是相互冲突的,因为加强弹性需要额外的成本和付出。随着全球经济竞争的加剧,减少弹性的经济压力在不断增加。

## 稳定性和弹性的折中

稳定性也就是恒定性——事物或多或少保持不变。如果要减少不需要的波动，那么稳定性是必需的。例如，如果每个月都有一张薪水支票，那么收入是稳定的。如果一个人没有定期收到薪水支票，那么收入是动荡的。图 11.3 显示了高稳定性与低弹性是相关联的。对于很少变化的生态系统和社会系统来说，当外界的干扰强迫它们去适应超过其承载能力的改变时，它们更容易向不稳定域转变。

现代技术和矿物燃料能源的大量投入给当代社会带来了构建高稳定性的能力，通过将人们与其所处环境中的波动隔绝，为多数人的生活带来了稳定性。暖气和空调能够让我们在几乎全年不变的温度下工作和生活在建筑内部。现代食物供应系统和常备货物的超市总是有着充足的食物。这个系统的弱点是依赖于大量能源投入来调节室内温度以及生产和运输食物。大量的投入可能增加稳定性但降低弹性。

造成稳定性和弹性之间冲突的来源是，当一个系统如此稳定以至于不需要运用抵抗压力的能力时，弹性会减损。几年前美国东北部地区突然的石油短缺已经很好地证明了这一点。美国人通常喜欢用充足的能源使他们的家变得舒适和温暖。当严冬时节燃油供给发生故障时，许多人没有做好准备。结果令人惊讶，当炉子没有燃料的时候，许多人由于暴露在低温下而死亡。一些在寒冷冬天很少外出的上了年纪的人没有适合低温的衣服。一些地方缺少应对这种紧急情况的社会保障系统。 171

洪泛区提供了另外一个不进行弹性运作时弹性消失的例子。世界大部分人口居住在洪泛区，因为那里有肥沃的土地、丰富的水源以及较高的粮食产量。河水每年有一个短暂的时期会泛滥至洪泛区，沉积下一层薄薄的泥土，可以保持土壤深厚、肥沃和农业的高产。然而，洪泛区还具有一个重要的不利点——洪水会摧毁农作物、房屋以及其他财产。大部分年份洪水是轻微的，并不会造成巨大的破坏，但有时洪水会十分严重。

典型的洪泛区社会在组织其农业和城市生态系统时会以减少洪水灾害为目的，因为其社会系统与洪泛区生态系统是共同进化的。人们在不会受到洪水严重侵袭的区域内发展农业。如果他们耕作水稻，他们使用一种特殊的水稻种类，这种水稻有足够长的茎，会将稻穗保持在水面之上，以保证不被洪水浸泡。人们在地面之上建造房屋以使洪水在他们的房屋之下流过；在安全的地方贮存食物以保证在洪水毁坏了所有作物时不会断粮；并建立洪水救援和灾情处理的社会制度。尽管存在这些适应性手段，洪水仍可能造成一些破坏，但这些破坏很少达到非常严重的程度。

人们自然期望没有任何破坏。近年来，水电站大坝的建设也对预防洪水起到了一定的作用。其他防洪措施，例如筑堤，也就是增加河岸的高度，阻止了洪水流出河道，进入洪泛区。对洪水的控制在短期内减少了洪涝灾害，但也让人类—生态系统的相互作用变得缺少弹性。没有了洪水，洪泛区生态系统逐渐恶化，这是由于新的土壤每年不再沉积，不能继续保持土壤的肥沃。农民通过施用大量化学肥料来补偿土壤肥度的降低，这使农业生态系统对于化学肥料过度依赖，造成弹性的降低。由于肥料来自于不可再生资源，未来肥料的价格很有可能会不断上涨，那么农业生产就可能会出现严重衰退。

对洪水的控制也有可能会通过另外一种途径降低社会系统与

生态系统相互作用的弹性，那就是保护人们及其财产免遭洪水侵害的社会制度和技术的丧失。一个依赖防洪设施的社会有可能“忘记”如何组织农业和城市生态系统来对抗洪水——农作物被种植在有可能被洪水摧毁的地方，新的房屋建设在洪泛区的水平面之上，其他可以减少洪水严重影响的社会机构逐渐停止使用。然而也许在20—50年之间，迟早会有一年雨水泛滥以致河水溢出水坝和堤坝；尽管有防洪措施，但还是会被洪水严重破坏，因为社会系统和农业城市生态系统不再以降低洪水危害的方式来建造。人们与洪泛区生态系统之间相互作用的方式使人类自身的弹性——对抗洪灾的能力丧失，而由防洪设施所提供的稳定性并没有使社会系统应对一年一度洪水的压力减小。 172

稳定性和弹性之间的矛盾对生态系统和社会系统来说，在其他许多方面都很重要。第6章中森林防火的例子就是关于稳定性和弹性之间矛盾的。森林管理者通过扑灭所有的山火来增加森林的稳定性，但他们减少了森林的弹性，这是因为持续保护森林免遭小火的损害增加了应对大规模毁灭性的火灾时森林的易损性。

应用化学杀虫剂来控制农业害虫的作法在增加稳定性的同时也减少了弹性。传统的和有机耕种的农民不用杀虫剂来消灭吃农作物的害虫，他们依赖于捕食性昆虫的自然防治。自然防治的效果没有那么完美，因为捕食性昆虫不能完全消灭所有的害虫；捕食性昆虫和害虫在相同的生态系统里相互依存。在传统或有机农业里，多数农作物的损害是适度的，一般占所有农作物的15%—20%，因为捕食性昆虫能够阻止害虫增加到造成农作物严重受损的数量。然而有时候损害会更大一些。

现代农民是通过施用化学杀虫剂来寻求更少的损害以及更强的稳定性的，他们杀死尽量多的害虫。不幸的是，杀虫剂在杀死害虫的同时也杀死了捕食性昆虫，因此对害虫的自然防治随着捕食性昆虫的消失而消失了。这让农民们更加依赖杀虫剂。没有了自然防治，当不使用杀虫剂的时候，害虫可能增加至极具破坏性的数量。当害虫进化到产生抗药性的时候，这种状况会变得更加糟糕。农民不得不使用更大数量的杀虫剂，以致出现恶性循环——“农药陷阱”，即使用的杀虫剂越多，产生的抗药性越强。如果害虫没有对杀虫剂的抗药性，那么杀虫剂会使农业生产更加稳定；然而害虫抗药性的逐渐增强会使农业系统的弹性降低，进而在缺少捕食性昆虫提供自然防治时，使农业生态系统产生毁灭性的灾害。杀虫剂在棉花等农作物中的使用可能会随着害虫抗药性的增强而持续增加，直到杀虫剂的价格太贵以致农民不再能承担为止。

173

随着治疗疾病如疟疾和肺结核等的药物的不断使用，现代医学中也存在着相似的问题。当药物的使用具有明显的效果时，它们的大规模使用可能会导致病毒生物体的抗药性增强，这与大规模使用杀虫剂导致昆虫产生抗药性的道理相同。现代药物实现了稳定性（疾病的低水平），但却是以牺牲弹性为代价的。抗药性所带来的流行病风险在下列情况下将会特别严重：

- 人类失去了自身对疾病的免疫力。
- 一些可以防止疾病发生的社会机制由于被误认为是非必需的而被放弃。

稳定性和弹性最激烈的矛盾涉及食物安全。尽管富裕的国家拥有丰富稳定的食物供应，但在过去的几十年中食物贮存已经严重下降。丰富的食物供应使富足社会产生了一个虚假的安全感。同时现代科技和经济的发展增加了全球粮食产量，但环境恶化和淡水减少降低了其发展的潜力。由全球变暖导致的气候变化，还会为农业带来突然的、难以预计的灾害的可能性。像日本这种60％的粮食依靠进口的国家，是特别容易受到影响的。

通过一系列复杂的系统循环也能够说明稳定性和弹性对于可持续发展的重要性。通过以"自然的方式"做事达到与自然和谐相处，以及避免对地球环境支撑系统造成破坏，对可持续发展都是非常重要的；但可持续发展不仅仅是与环境的静态均衡。可持续发展不仅仅是保证世界各功能平稳运作。自然波动和自然灾害是生活不可避免的一部分。弹性设计是可持续发展的重要部分。弹性的关键是事情出错时能及时发现，并尽快作出尽可能减少损失的决定。 174

面对稳定性和弹性之间的矛盾我们应该做些什么呢？稳定性和弹性都是必需的。最好达到一个平衡。社会系统应与生态系统构建相互作用机制，以致稳定性和弹性都不以对一方为代价而被过分强调。这意味着利用弹性政策来达到可接受的稳定性水平。

## 适应性发展

适应性发展是应对变化的制度上的能力。它能通过改变社会系统的某些部分来使社会系统和生态系统功能以一个更为健康的方式运作，从而对生态可持续发展作出重要贡献。适应性发展与生存和生活质量有关。适应性发展建立了人类生态系统相互作用的弹性。它不是对问题的简单回应；它在初期就能预见或发觉问题，在问题变得严重之前采取措施进行处理。适应性发展提供了一种方式致力于可持续发展，同时加强了应对严重问题的能力，这些问题在可持续发展还没有实现时，将不可避免地出现。

两个适应性发展的基本要素是：①对生态系统中所发生的事情进行定期评估；②作出正确的行动。生态评估的关键是察觉生态系统中真正出现的问题。正确行动的关键是一个真正能发挥作用的团体。适应性发展在社会所有层面上都需要组织、承诺、努力和勇气，来辨识必要的变革并使其发生。社会会审视其价值观、感知、社会制度以及技术，并在必要的时候进行修改。

对生态适应性发展来说，什么样的价值观是重要的呢？我们为了保证生活质量而对物质消耗方面重要性的强调就是一个例子。我们需要食物、衣服和住所；但我们究竟需要多少呢？我们的物质消耗规模对可持续发展有着关键影响，因为消耗的需求会强加给生态系统。当人们深入思考什么对于他们最重要时，他们常常认为社会和感情需求与家庭、朋友和压力的消除有关。现代社会有着放大了的物质消耗，相信更多的财产可以帮助满足这些基本需求；并通过各种广告强化了这一信念，告诉人们有多种商品能满足性欲、友好、放松或者其他的感情需要。结果是物质消耗呈螺旋式上升，而满足我们基本需求的希望却常常无法实现。

关于物质财富的现代价值观是与我们的感觉相关联的，即经济增长对舒适生活是非常必要的。政治领导者告诉我们经济增长是他们最优先考虑的问题，同时“专家”不断通过大众媒体对我们发表演讲以加强我们的信念，即作为一个社会，高水平的消耗对于充分就业和健康的经济是必要的。经济增长与可持续发展之间的关系是当今的主要问题，因为持续扩大的物质消耗从生态学的观点来看是不可能的。何种经济增长是可持续的呢？我们怎样才能在不给生态系统强加额外负担的基础上维持健康的经济并满足我们人类的需求？适应性发展在关键问题上维持着一种公共对话，例如政治领导者在处理上述问题时是有解释的义务的。

可持续社会的适应性发展是关心他人的——关心社区，关心未来一代以及地球上除了人类以外的栖息者。这需要真正的民主和社会公平，因为评估未来需求的决策和行动需要保证充分的社区参与。当由少部分富有的或拥有政治权利的人掌控对自然资源或其他生态系统服务功能的使用时，他们常常以他们自身的短期经济利益为目标。如果一部分人有特权，当变革威胁到其特权的时候，他们会成为阻碍变革的力量，这时社会对适应性的反馈能力就十分有限。

适应性发展的核心是具有强大动力的地方社区。在地方层面，民主是最能保证充分参与和最好运作的。所有人类与环境的相互作用最终都是地方的。我们看看森林的开发。尽管采伐森林是由大规模的社会进程推动的，诸如城市和农业的扩张、木材的全球市场以及多国合作贸易组织，但实际上树木是被人们用斧头或机器砍伐的。当地方的人们掌控他们自己的资源时，除非当地人允许砍伐的事情发生，否则就没有森林能被破坏。这也同样适用于缺乏人情味的混凝土森林城市。地方居民可以被动地允许投资

176 者以有利可图的方式改变他们的城市景观。或者他们可以以只允许发展与其愿景相一致的城市的方式来掌控城市的发展,这种愿景是人性化的、宜居的城市,通常包括多种多样的以及由自然区域、公园以及其他社区活动空间构成的景观。

混凝土危机和对地方事务的强迫可能刺激社区采取行动,并最终使他们能够以更开阔的视角控制他们的命运。然而细节在很大程度上是多样化的,下面的主题是对长期行动所作的说明:

• 扭转不良倾向:地方社区对他们现状的社会和生态条件,以及最近几十年的变化进行估量。为老年人加强支撑系统、社区安全;为孩子们创造娱乐活动,或者其他任何在他们的特定情况下最有意义的内容。在社区所在城市及其周边区域内调查自然、农业和城市生态系统的平衡。如果景观马赛克是不平衡的或开始向某个方向转变,他们将确保具有主动权来恢复平衡。

• 预期灾难:社区为地震、洪水、食物安全或其他任何在其范围内可能发生的灾难作好准备。部分准备是对紧急状况的回应,但部分提前采取的措施是为了减少一旦发生的灾难的强烈或可能性。例如,农民可以在全球变暖导致的干旱频发区域发展抗旱的耕作方法。社区可以通过形成消费合作社,支持地方农业生产,并在该过程中为当地农民建立市场,最终加强地方在食品供应上的自给自足。

对社区组织来讲,为了有助于生态可持续发展而关注环境是不必要的。任何目的的社区组织都需要具有识别环境问题并付诸行动的能力。第一步且关键的一步是形成一种社区在现在和未来都期待的生活方式——包含社会和生态环境的观念。这种社区愿景对环境很敏感。对未来可能的问题也是敏感的。是否该关心食物安全或未来水资源供应呢？这种观念将引发一个与周围世界息息相关的问题。社区以何种方式来决定自给自足的程度？什么是地方社区能够应对的重大需求？ 177

按照社区愿景的需求行事需要试验验证。清楚理解和清晰选择的能力以及对新事物的创造力和想象力是必需的。适应性发展意味着对可能的方法进行试验验证；如果成功就扩大使用，如果失败就放弃。在当今全球通讯中，适应性发展是一种网络体系，在学习他人经验的同时帮助他人。这也鼓励了邻近社区与距离较远的社区变得更加可持续，并互相帮助实现愿景。

这是如何发生的呢？多数答案取决于环境和社会教育。现代教育强迫我们花费大量时间来获取专业技能，但我们的生态和社会技能仍旧是有限的。生态和社会教育让我们形成社会视野，并能够对各种政策选择保持清醒的思考。在系统全局和各部分之间联系的背景下，战略性地思考地方系统（包括社会系统和生态系统）的联系是一种能力。适应性发展是不是一个乌托邦式的梦想？事实上，适应性发展不是新生事物。大部分适应性发展都是一种常识，几千年来引导着社会的功能性和可持续发展。适应性发展并不是仅仅关注环境。它涉及能使社会自行运作的所有方面。

当然，地方社区行动也需要适时付出代价，在处理人际关系上要重点关注并付出努力。许多人感觉他们缺少时间或喜欢避免麻烦，但只要他们能享受到与邻居共同做有意义的事情所带来的社会回报，他们通常就会发现这是值得做的。社区园艺工作是一个促进社区团结的方式，并包含一种生态的观点。大多数人喜欢与家人和邻居一起从事园艺活动。他们看重菜园提供的新鲜食物，园艺工作也能使他们与生态系统通过许多方式接触。有机园艺具有增强生态意识的特殊潜力。

生态可持续社会的适应性发展是否能真正发生？有几个合理的乐观原因。公司通过开发环境友好的产品来适应顾客的环境观念。私营部门以新环境技术来处理环境问题。更有意义的是，越来越多的公司将增进可持续发展作为制度上的目标。它们认识到未来的商务成功将依赖于地球的生态健康。

178

一个私营部门在技术领域提升适应能力的例子是它们与政府合作，共同处理臭氧层的消耗。“臭氧的故事”开始于氟氯化碳(CFCs)的发现，它主要用于制冷设备，能够分解保护地球免受紫外线辐射的臭氧层。在几年的时间内，国际协议规定将氟氯化碳用环境友好的化学制品替代，工厂随后开始执行这个协议。类似的情况在能源工业中也开始出现，因为需要对地球上石油和天然气的有限供应作出反应。用于能源贮存和运输的氢的利用在迅速发展，可供选择的能源技术，例如太阳能和风能也在迅速发展。这样的发展是积极的，但臭氧层还未恢复健康，对石油和天然气的依赖也远未解决。让人担忧的是，一些主要工业仍然在妨碍新的环境友好产品和技术的应用，因为其与现有市场相冲突。

与现代社会的基础相矛盾的适应性是不容乐观的。全球变暖就是一个例子。对温室气体的减排，尤其是二氧化碳减排，打击了现代社会依靠大量矿物燃料能源的核心。1997 年《京都议定书》确立了工业化国家在未来 10 年减少 5%的二氧化碳排放的全球目标。一些国家积极推进这个目标，而另外一些国家则勉强接受。

尽管《京都议定书》作为在气候变暖议题上尝试国际合作的第一步是十分重要的，但其规定的行动过于审慎以至于并无重大现实意义。计算机模拟研究显示即使每个国家都完全遵守《京都议定书》的规定，温室气体也将继续在大气层累积，下个 50 年中全球平均温度的增加将减少不到 0.1 摄氏度，这与不遵循《京都议定书》相比几乎没有差别。计算机研究表明完全遵从《京都议定书》将会减少在下个 50 年中面临海平面上升风险的人类的数量，但也仅仅是一小部分。这对区域内气候的转变几乎没有影响。不幸的是，无论工业化国家还是工业化进程中的国家，都不愿意认真考虑降低真正影响全球变暖的二氧化碳排放。 179

政府能为适应性发展做些什么呢？当然，他们应该面对全球变暖的现实，并尽全力在区域、国家以及全球层面上应对环境问题。同样重要的是，政府应该对他们的公民进行有关环境问题的教育，并提供教育和实质的帮助来加强地方社区的能力，从而走上适应性发展的道路。地方社区应坚持利用政府的帮助来发展这一能力。政府能够鼓励和帮助地方社区建立地方环境区，在组织形式上类似于许多国家的地方学区。

非政府组织在针对环境问题发起全球对话的过程中起到了关键作用。1992 年的联合国环境与发展会议（即地球高峰会议）将政府、非政府组织等集合起来。虽然进程并不是一帆风顺，但这样的论坛加强了全球和地方事务与所有层面上合作的互联性。

非政府组织能够成为适应性发展的催化剂，尽管各个非政府组织在它们的组织和使命方面有很大不同，一个简要的例子可以说明这种可能性。自然保护组织发觉他们保护自然生态系统的努力常常被暗地破坏，例如自然保护区常被周边区域的人类活动所破坏——包括人类生存所必需的活动。为适应这个情况，一些保护组织建立企业来学习和论证如何以保护自然生态系统的方式从事经济活动。例如，他们组建合资企业，与木业有限公司一起来管理森林，采取一种方式来运作，不仅对木材产品是可持续的，同时可以保持自然森林生态系统作为景观马赛克的一部分。他们与珊瑚礁渔民进行合作，在保证鱼类可持续供应的同时保持珊瑚独一无二的生物多样性。还有一些组织与当地农民进行合作，保证农业耕作在相同地域内与自然生态系统相匹配。在水土流失产生的淤泥威胁到河口地区或其他自然生态系统的地方，自然资源保护者与农民合营的公司提供技术支持并在市场上出售，他们的抗风蚀的作物和耕作技能，保证了农民的可观收入。

180

**社会环境**

社会环境的特征包括：

- 教育（例如记忆与学会思考）；
- 看电视、玩游戏与在户外与朋友玩耍；
- 安全的邻里关系与对街道犯罪的恐惧；
- 就近工作与通勤距离很长的工作；
- 女性在职业生涯中有平等\不平等的机会。

**城市环境**

城市环境的特征包括：

- 交通；
- 空气质量；
- 住房（例如高层公寓与独栋住宅）；
- 公园和城市中的自然区域；
- 社区活动的场所。

**乡村环境**

乡村环境的特征包括：

- 娱乐的机会；
- 森林作为洁净水源、木材、生物多样性、休闲娱乐的资源等；
- 食物供应和食品安全。

**国际环境**

国际环境的特征包括：

- 食物来源和自然资源；
- 旅行和娱乐机会；
- 全球流行文化的影响；
- 全球经济的影响。

**框图 11.1 环境及其特征的例子**

个人能做些什么呢？他们能带来人类生态学观点，保证工作场所的可持续发展；他们能组织日常生活的细节使之与环境相协调。同样重要的是，个人能够为他们地方社区的健全而工作；评估区域的生态状况和当地景观的变化；为社区支撑系统作出贡献；总之，为社区及其景观构建长期的生态健康和弹性。个人能够教给他们的邻居有关可持续发展的观念，并唤醒他们为未来的生态可持续发展确定路径的愿望。作为一名杰出人类学家，玛格丽特·米德(Margaret Mead)曾经说过，“永远不要怀疑一个充满思想的小团体，有责任感的公民能够改变世界；实际上，这也是唯一发生过的事情。” 181

## 需要思考的问题

1. 你以什么方式来建立个人生活中的弹性？你所在的社会应以何种方式实现弹性？在你的地方社区、国家或世界中实现弹性的方法有哪些不足？如何在那些实例中改善弹性？
2. 思考你个人生活和社会中稳定性和弹性相互矛盾的例子。稳定性和弹性是否平衡？如果不是，为实现更好的平衡应该做些什么？
3. 在合理使用公共所有资源方面达成一致对于可持续地利用资源来说是必需的。请通过来自新闻、报纸文章的信息或者你自己的知识，对阻止公共资源悲剧发生的具体社会制度的例子进行思考。然后思考一下你所在社会的社会制度对于如何使用诸如石油、矿物、水以及土地等资源是如何规定的，是否是有效率的可持续使用？从可持续使用的观点出发，你认为是否有办法改进？
4. 你的地方社区（或城市）组织最关注什么样的公共问题？是否有关于环境的？是否有些对环境的关注没有被强调，即使你认为应该被强调？你认为应如何教育社区从而使每个人将他们与自然系统的相互作用置于适当的优先位置？
5. 你的国家的城市、州（省、县）和国家的政府在形成人类—生态系统相互作用中扮演什么角色？合作能起到什么样的作用？在鼓励政府和企业遵循生态可持续政策方面公民能做些什么？

6. 战略规划是为支持社区生态可持续发展而发起的建设性行动的一个方法。与一些朋友们举行头脑风暴，从而找到你对以下战略规划必需步骤的看法：

- 你的社区20年以后的理想愿景：你想给你的子辈和孙辈什么样的生活？你想给你的子辈和孙辈什么样的环境，以使他们能够有一个好的生活质量？这包括你想保持不变的事物和你想改变的事物。环境有一个广阔的含义，包括社会和城市环境，也包括自然和乡村生态系统（框图11.1）。

- 实现愿景的障碍：在你看来什么样的环境问题可能妨碍你所概括的生活状态？包括今天存在的和需要解决的问题（例如城市中的环境质量）。什么样的环境现象在今天尚未成为问题，但在未来会成为问题？例如，目前在一些地区由于城市扩张对森林或农田的毁坏尚未产生严重的后果，但如果继续下去后果就会很严重。关于现代农业实践、环境质量下降以及食品安全，情况又如何？

- 克服障碍的行动：在你认为的“实现愿景的障碍”中，思考一下你的社区关于环境问题能做些什么，个人又能做些什么？什么是成功行动的制度障碍，它们如何能被克服？你能否自己行动或者需要地方或国家政府、私营部门或非政府组织的合作？

182

（张天尧译　王小丹校）

183

# 12 生态可持续发展案例

本章将展示两个案例来阐述本书中的很多概念。第一个案例关于生态技术，第二个案例关于区域环境项目。我本人均参与其中。今天，众多现代趋势似乎远离了生态可持续发展。在这些趋势面前，我们该如何促进可持续发展？这些案例首先介绍了人类社会系统的变化是如何改变人类—生态系统之间的相互作用的，同时又是如何给生态系统带来变化，对人类自身产生有害影响的。接下来，每一个案例都阐述了怎样才能将生态概念转化为具体行动，以保证人类—生态系统的相互作用朝着更健康、更可持续的方向发展。这些案例展现了在处理环境问题时，采取一种更加平衡的方式关注生态和社会所能带来的好处。仅仅关注政治和经济而不考虑生态现实，或者仅仅考虑生态问题而忽视社会现实，都将不可能找到解决环境问题的长期、有效的方法。这些案例研究展现了普通人在思想创新方面的责任以及将理想变为现实的整个过程。可持续发展不是别人能代劳的，必须由我们所有人一起共同行动。

# 登革出血热、蚊子和桡足动物：关于实现可持续发展的生态技术的一个案例

184

登革出血热是1950年后人们才知道的一种“突发的”疾病。该案例展现了现代化进程如何造成了新的公众健康问题，以及哪些与生态方法相关的地方社区行动能够为可持续发展作出贡献。

## 疾病和蚊子

登革热是一种黄病毒，与黄热病相关。它最初可能出现于非人类的灵长类动物中，至今仍然在非洲和亚洲的一些地方以自然的状态存在。非人类的灵长类动物感染后不会表现出症状，但人类感染后会病得十分厉害。儿童首次感染登革热后的症状通常是轻微的，而且常常不易察觉；但成年人首次感染却会很严重。致死率虽然较低，但高烧、风寒、头痛、呕吐、严重疲劳、肌骨酸痛，以及持续一个多月的身体极度虚弱使得登革热成为很多成年人记忆中所经历的最严重的疾病。

登革出血热是登革热的一种威胁到生命的形式。它不是由单独的病毒种类引起的，而是因为登革热病毒有四种不同的种类，感染一种病毒后会获得对这种病毒的终身免疫；但同时也就产生了一些抗体，提高了感染其他三种病毒的机会。首次感染一种病毒后一年多的时间里如果又感染其他类型的病毒，就会产生登革出血热。大约3%的第二次感染者会引发登革出血热，大约40%的

登革出血热案例会产生休克并发症(shock syndrome),甚至危及生命。损害最大的症状是血液从毛细血管渗漏到身体的各组织和体腔中,有时伴随严重的胃肠出血(因此被命名为出血热)。虽然没有有效的药物来对抗病毒,但血液的流失可以通过补充水和电解质进行补偿,病情轻微时口服即可,严重时需要静脉注射。大部分登革出血热患者年龄小于15岁。如果不进行治疗,大概会造成5%的致死率,但适当的治疗可以将致死率降低到1%以下。

有一种蚊子被称为埃及伊蚊(Aedes aegypti),它是登革热和黄热病菌的主要传播媒介。最初它们在非洲的树洞中生活,很久之前通过在人类聚居地周边的类似环境中繁育,产生了一种适于在城市生活的类型。埃及伊蚊现在生活在人造的容器中,比如蓄水池、井、下水沟,或是废弃的物品如轮胎、罐子、收集雨水的坛子中。它们在高于水面几毫米位置的容器壁上产卵。天气干燥时产出的卵可以几个月停留在那儿不被孵化,而一旦被水覆盖,它们会在几分钟内孵化出来。只有当更多的水加入容器中,孵化才会发生,这增加了一种可能性:在容器变干前,将有足够的水供幼虫成长起来。

雄性蚊子只以植物的汁液为食,而雌性蚊子则通过摄取动物的血液来获得产卵所需的营养。当一只雌性蚊子从一个感染了登革热的患者的身上摄取了血液后,病毒在它体内会加倍,7到15天后(取决于温度)它就有足够的病毒来感染人类。在热带气候条件下,病毒的传播会更快,因为高温下快速的病毒繁殖让感染了病毒的蚊子能够存活足够久的时间以产生感染性。

## 登革热的历史

16世纪随着欧洲殖民活动和贸易的扩张，埃及伊蚊通过潜伏在轮船上的储水罐中，散布到世界各地。登革热和埃及伊蚊在亚洲存在了几个世纪却没有造成严重后果。这是因为亚洲本地的一种蚊子白纹伊蚊(Aedes albopictus)限制了埃及伊蚊的分布，致使其在生理上可以传播登革热，实际上却不会大量传播。亚洲的城镇和城市中种植了很多乔木和灌木，白纹伊蚊在有植物的地方成功地驱逐了埃及伊蚊的存在。

但美国的情况有很大不同。因为在美洲的城市和乡镇中，埃及伊蚊没有遭遇类似白纹伊蚊物种的竞争。我们知道，伴随16世纪的奴隶贸易，黄热病从非洲传入美洲，黄热病开始大规模流行，埃及伊蚊在美国已十分普遍。历史上关于登革热的记载并不详细，因为它的症状与其他疾病没有显著差异，但是登革热在几个世纪中可能是美国最普遍的一种传染病。费城在1780年开始爆发登革热。直到20世纪30年代，登革热才在墨西哥湾和大西洋沿岸的城镇和城市中流行起来。 186

登革热很可能通过埃及伊蚊传播到了世界各地，但它并没有引起足够的重视，哪怕是在感染率很高的地区，因为大部分感染者都是儿童，他们的症状比较轻微。毁灭性传染病的大流行使黄热病开始受到关注。当瓦尔特·雷德于1900年证实埃及伊蚊应为黄热病的传播负责时，埃及伊蚊引起了全球范围内的关注。美国发起了消灭埃及伊蚊的运动，清理它们在人们的住房周边生存的场所。20世纪30年代，洛克菲勒基金会在巴西调动了一支全副武装的政府巡查员队伍，展开挨家挨户的检查，以找到并清理每一个埃及伊蚊生存的场所。这支队伍有合法的权限进入房屋、销毁容器、喷洒油或巴黎绿（一种砷化物，蚊子幼虫杀灭剂）以及罚款。由于埃及伊蚊成年后终身飞行的距离通常少于100米，因此不用二次行动，仅通过逐个街区清除就可以有效地消除埃及伊蚊。此次行动十分奏效，到40年代，埃及伊蚊在巴西的广大区域被消灭了。

虽然在1897年的澳大利亚昆士兰、1928年的希腊，都有类似于登革出血热的疾病爆发，但一直到1956年登革出血热才被确诊，因为在同一区域不太容易出现多于一种的病毒类型。但伴随第二次世界大战的爆发，大量人群和四种登革热病毒类型开始在亚洲热带地区流动，所有的一切都发生了变化。战争期间当病毒被引入新的地区时，当地人由于缺乏免疫力，出现了很多登革热传染病患者。1950年，泰国出现了登革热症状的病例。1956年，菲律宾首次发现登革出血热传染病例，泰国以及东南亚的其他地区在随后的几年内也相继出现病例。在之后的几十年中，发展中国家城市的无序蔓延大大拓展了埃及伊蚊的繁殖栖息地。在一些缺乏排水管道和垃圾收集站等基本服务的城市地区，存在大量的蓄水池和容易集水的废弃容器。城市景观中植物的减少让埃及伊蚊没有了类似于白纹伊蚊的竞争者，从而给了它们在亚洲城市中拓展栖息地的机会。

随着1943年DDT的出现，登革出血热的流行在很大程度上被187 抑制住了。DDT似乎是一个奇迹。它对脊椎动物无害却可以专门用来消灭昆虫，而且施用几个月后依然有效。1955年，世界健康组织(WHO)开始了一项在全球范围的疟疾流行区域喷洒 DDT 的运动。到 20 世纪 60 年代中期,疟疾在很多区域基本被消灭;与此同时,埃及伊蚊也从拉丁美洲大部分地区以及亚洲的一些地区例如台湾消失了。

### DDT 策略的失效

DDT 带来的巨大成功是短暂的,因为进化出了抗药性的蚊子,它们开始迅速在世界各地传播开来。发展中国家的政府不能支付继续集中喷药的费用,特别是 DDT 的替代品马拉息昂(malathion)的价格贵了 10 倍。到 20 世纪 60 年代末,疟疾开始卷土重来。到了 70 年代,埃及伊蚊也回到了之前被消灭的大部分区域。由于美国的房间都装上了纱窗以及空调,城市生活方式减少了与各类蚊子的接触,登革热并没有重新在美国出现。然而四种登革热病毒类型以及登革出血热在亚洲的热带地区迅速传播,四种类型开始持续流行,成为一种长期存在的模式,引发地方登革出血热的爆发。1981 年古巴在 3 个月内有 116 000 人生病住院,登革出血热随之进入美洲地区。登革热病毒迅速在拉丁美洲传播,有时成千上万的人生病使传播加快,但登革出血热通常是突发的,因为大多数区域只有一种病毒类型。虽然登革热在撒哈拉以南的非洲地区十分普遍,但由于非洲人大都有对抗严重登革热感染的抵抗力,它并没有成为主要的健康威胁。

自从 21 世纪早期开展对抗黄热病的运动以来,处理埃及伊蚊的社会和政治背景已经发生了巨大变化。少数较富裕的地区比如台湾会在房屋内继续喷洒新的杀虫剂;一些国家如古巴、新加坡发起了住房综合检查和罚款，以消灭居民住房周边的埃及伊蚊。然而大部分国家缺乏政治意愿以及财政上、组织上的资源来实施类似的计划。能消灭所有蚊子幼虫的化学杀幼虫剂，以及之后的微生物杀幼虫剂（苏云金杆菌杀虫剂），在处理储水容器方面是可行的。然而人们往往不愿在他们的容器中放入杀虫剂。即使他们愿意，也必须每周放入才会有效。后来证明，购买杀幼虫剂以及大规模使用的开销已超出了每一个试图这么做的政府的能力。一些政府尝试组织社区自愿参与到清理埃及伊蚊栖息地的行动中——比如建议家庭主妇每周清理她们的储水容器以打断幼虫的生长——但是鲜有成功者。

188

针对登革热的疫苗或药物还没有问世；预防它们的唯一途径是远离蚊子。今天对抗蚊子的主要行动是每个家庭购买罐装杀虫剂以及蚊香盘来保证晚上远离蚊子的骚扰。但这些对埃及伊蚊的作用非常有限，因为它们在白天叮人，而且大部分休息时间都是躲在衣柜之类药物一般喷不到的地方。这些年，疫苗的研发一直在进行中；但是进展缓慢，而且使用疫苗也可能会有风险，因为在感染了自然的登革热之后，该疫苗很可能会提高感染登革出血热的可能性。目前在大部分地区，政府基本上对埃及伊蚊不闻不问，除非有登革热或登革出血热再次流行。卡车在街道上来回开着喷洒马拉松（有机磷杀虫剂），但在大多数情况下没有什么作用，因为传染病已经开始流行，而且雌性埃及伊蚊基本上都在房屋里，并没有多少杀虫剂可以影响到它们。即使喷药是为了减少蚊子的总数，也必须经常反复地喷药才能维持效果。埃及伊蚊的数量可以在短短几天内反弹很多。

在过去的20年中，登革热和登革出血热案例数量并没有显著减少。全世界范围内每年有5 000万到1亿人感染登革热。每年有几百万严重的登革热病例和大约50万登革出血热病例。一些国家的致死率始终很高，但在另外一些国家，致死率却因为集中的医疗救助而大幅下降。在越南和泰国，每年都有数十万人因感染登革出血热而住院，但致死率却可以保持在0.3%以下。然而经济上的花销很大，病人们通常需要住院一到三周，父母也为在医院照顾生病的孩子而失去了工作的时间。全球变暖导致的温度升高可能最终会拓展登革热的地理范围，进而缩短病毒在蚊子体内的潜伏期，刺激其迅速传播。

## 桡足类动物登上舞台

189

引入埃及伊蚊幼虫的捕食者，向人们提供了一种不依赖于常规的对付登革热传染的生物控制方法，但在DDT策略失效之时，这种方法依然没有引起足够的重视。DDT时代之前，鱼类曾被广泛用于对抗传播疟疾的蚊子幼虫，但在控制埃及伊蚊方面，鱼类的使用十分有限，因为鱼类通常较贵，而且在大多数容器中不能存活很长时间。此外，很多人不希望鱼出现在他们的储水容器中，尤其当储存的水是供饮用时。很多水生动物比如涡虫、蜻蜓、若虫，以及水栖虫等，都以蚊子幼虫为食，但没有一种被证实在对付伊蚊幼虫方面足够有效或可行。蚊虫控制专家和负责公共健康的官员在各自的职业生涯中都十分依赖化学杀虫剂，认为生物控制只是一个白日梦。而由于获得利润的机会太渺茫，生物控制也不能够激励私人部门的研发活动。

大约20年前，塔希提、哥伦比亚、夏威夷的科学家分别发现，事实上如果桡足动物中剑水蚤(Mesocyclops aspericornis)出现在盛满水的容器中，埃及伊蚊的幼虫将不能存活。桡足动物是微小的甲壳类动物，在生态学上与其他以蚊子幼虫为食的水生无脊椎动物有很大不同。假设蚊子幼虫的数量巨大，而每只桡足动物每天只吃掉蚊子幼虫的一小部分，比如每只桡足动物每天杀死30—40只蚊子幼虫，这也远远超出了它们实际的食量。重要的是它们的数量巨大。桡足类吃掉的幼虫体积是它们本身体积的两倍。但它们也吃浮游生物、原生动物、轮虫等，这些为桡足动物提供了足够的食物，使它们成为大多数淡水环境中拥有最丰富食物的捕食者。一个桡足动物群落杀死蚊子幼虫的能力是巨大的。大多数桡足动物都太微小(身长0.3—1.2毫米)以至于不能捕食哪怕是最小的蚊子幼虫，但是中剑水蚤和其他较大的桡足动物(身长1.2毫米或更长)却可以毫不犹豫地攻击并吃掉新孵化出的蚊子幼虫。在蚊子可以生存的水中，大约有10%的区域会天然地存在中剑水蚤或其他较大的桡足动物，这会大大减少蚊子幼虫的存活。

在自然中，可以将适量的桡足动物引入先前不存在的地方，来达到同样的效果。这一原则不只适用于埃及伊蚊生存的容器中，也适用于疟蚊存活的地方。在天然存在较大的中剑水蚤群落的地方，疟蚊幼虫大体上很稀少；当中剑水蚤被引入路易斯安那州种植大米的区域和小型沼泽区域时，农田疟蚊幼虫消失了。但不幸的是，利用中剑水蚤控制疟疾的潜力并没有被进一步挖掘，因为疟疾控制机构放弃了他们控制蚊子的努力。当代疟疾控制几乎全部基于抗疟疾的药物，但由于疟疾宿主中广泛存在抗药性，这样做导致的长期

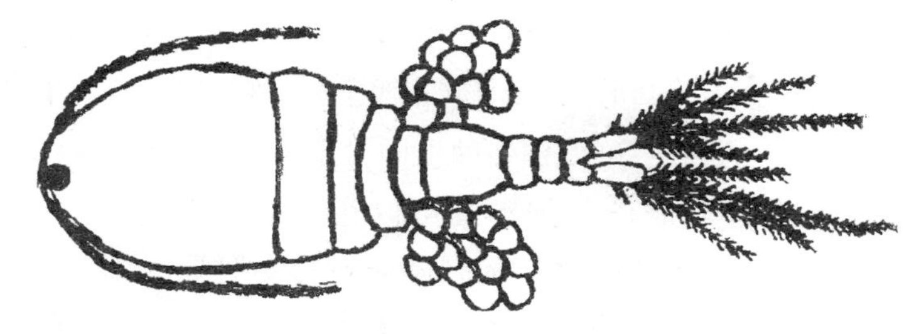

**图 12.1　中剑水蚤(实际长度大约 1.5 毫米)**

注：桡足动物没有眼睛；前额上的眼状斑点能够觉察光线但不会形成图像。桡足类动物的移动是通过其较大触角(前面突出在身体两侧的较长的结构)类似于快速划桨的动作进行的。其触角包含着感觉器官，能够检测到水中的震动，从而保证桡足动物知晓一些小动物如蚊子幼虫等是否足够近并适合捕食。雌性桡足动物会在其身体两侧携带卵囊，大概持续 3 天，直到后代从卵子中孵出为止。

效果值得怀疑。

引入桡足动物控制登革热的尝试更加成功，因为桡足动物在埃及伊蚊生存的简单容器环境中非常有效而且易于使用。桡足动物依靠它们自己进入人工容器是很困难的；但当它们被引入多种容器中时却都能很好地生活下去，而且即使在缺乏蚊子幼虫供应的情况下也会如此。桡足类种群的数量在不同容器中差别很大，从盛满雨水的轮胎中的几百只到蓄水池中的几千只不等。数量最多的种群常常能够杀死 99%以上的埃及伊蚊幼虫，而且只要容器中有水，它们就能一直存活。即使没有水，在潮湿的环境下也可以存活。

桡足动物简单的生命循环和它们仅依靠原生动物为食就能繁衍生长的能力让它们的大规模生产很容易实现，而且花费不高。在生产系统中，细菌以分解小麦种子为食，小型原生动物(唇滴虫)

以细菌为食,桡足动物在幼年时期依靠捕食这些小型原生动物为生,长大后捕食大一些的原生动物(草履虫)。该系统十分简单、便宜而且有很大的弹性,可以在各种不同尺寸和形状的开敞容器中运行。100只成年雌性中剑水蚤可以在一个月内繁殖出大约25 000只成年雌性中剑水蚤。雌性水蚤在青春期受精,而且不需要再次接触雄性,就可以在它们几个月的生命中产下50到100个卵。

191

一旦意识到桡足动物是多么有效,澳大利亚、东南亚和美国都启动了相关的研究,来辨识在蚊子控制方面最好的桡足类种群以及思考如何利用它们。对于杀死蚊子幼虫来说,足够大的桡足动物实际上天然地存在于面临埃及伊蚊问题的各个地区,因此最合适的可用物种往往是当地的。在波利尼西亚、澳大利亚和部分亚洲地区,中剑水蚤都是最有效的种群。而在美国,被证实最有效的是世界上最大的中剑水蚤种群——朗吉剑水蚤(Mesocyclops longisetus)。

要想让桡足动物有效地控制埃及伊蚊,不仅需要它们杀死蚊子幼虫,也需要它们有能力在容器中生存下来。中剑水蚤和朗吉剑水蚤能够在热带地区暴晒下的容器中很好地生存下来,因为它们可以承受高达43摄氏度的水温。而且由于它们附着于容器的底部和侧部,它们可以在人们经常舀水的容器中生存。在水柱中游动的桡足动物能够迅速从储水容器中消失。将中剑水蚤和朗吉剑水蚤放在井、水箱、水泥蓄水池、200升的鼓状桶、陶罐、花瓶里都十分有效,甚至是放在持续湿润的凤梨科植物上。人们并不反对在他们的储水容器中出现桡足动物,因为这些动物微小到基本上看不见。而且其他微小的水生动物生活在水中也很正常。

在常被雨水填满又经常变干的小型容器和废弃的轮胎里桡足动物不能生存，虽然它们能在雨季长期盛满水的轮胎里生活得很好。在储放脏水的小型水泥池中，特别是当倾倒洗过衣服的水时，有漂白剂被留在或溅到水泥池中，它们都无法存活。糟糕的是清理储水容器会失去很多桡足动物。如果能在清理容器时保留少量的水，就可以很容易地保证桡足动物的生存。在洪都拉斯和巴西小范围的试验项目中，家庭主妇很快学会了观察她们的容器，在家中自信地培育中剑水蚤。成功的关键来自社区组织者的个人关注。在拉丁美洲就没有那么幸运了，公共健康官员看起来缺乏组织邻里将中剑水蚤的使用扩大到更大范围的能力。

## 越南的成功

192

在越南，登革出血热是一个很严重的问题，自从 40 年前被发现，已经有接近 200 万越南人住院，13 000 名儿童死亡。1993 年，越南第一次在社区范围证实了中剑水蚤的有效性，当时，越南国家卫生与传染病研究机构(Vietnam's National Institute of Hygiene and Epidemiology)的科学家将中剑水蚤的地方种群引入凡波(Phanboi)——越南北部的一个有 400 户人家的村庄。像越南大多数农村地区一样，埃及伊蚊在凡波的两个主要栖息地一个是大型的水泥蓄水池(容量为几千升)，几乎每个家庭都长期用它收集从屋顶流下的雨水；另一个是泥罐(容量为 20—200 升)，用来短期储存饮用水。中剑水蚤在大容量的水泥池中生活得很好，因为这些容器几乎不会变干或被清洗。在较大的泥罐中它们也能活得不错，但在小型泥罐中却不能长时间存活。因为小容器中的水经常被倒掉。向水井中引入中剑水蚤提供了一个储备库，意味着可以将含有中剑水蚤的水持续注满储存净水的泥罐。

在中剑水蚤被引入后的一年，凡波地方埃及伊蚊种群的数量下降了大约95%。然而，埃及伊蚊仍然在小型的废弃容器中生存，比如用来收集雨水但没有中剑水蚤的水池、罐子和金属容器。村民们受到激励，更积极地参加进来；而且由于之前村里有过爆发登革出血热的历史，大家的积极性很高。社会政治系统为快速、广泛、持续的社区驱动提供了基础。村里的妇女联盟向村民们讲授如何利用中剑水蚤，并且组织村民向先前没有中剑水蚤的容器中倒入少量含有中剑水蚤的水。他们对一个回收废旧容器的项目进行重新组织，保证容器在等待回收时没有被用来收集雨水。埃及伊蚊在几个月内消失了，而且在接下来的7年中，村里再也没有发现埃及伊蚊或其幼虫。埃及伊蚊的消失意义重大，因为在过去20多年的时间里，这是全世界所有地区根除某种蚊子的首次记录，而且是没有使用杀虫剂就实现了。

中剑水蚤被引入越南北部的其他村中，埃及伊蚊也随之消失了。值得注意的是，埃及伊蚊的消失并非由于每个容器中都含有中剑水蚤。成功可能是由于“虫卵抑制效应”(egg-trap effect)在起作用。产卵的蚊子并不能区分出含有中剑水蚤的容器，所以它们在含中剑水蚤的容器中浪费了虫卵，而不是将卵产在更有利于幼虫存活的容器中。计算机模拟研究指出如果超过90%的容器中含有中剑水蚤，那么蚊子种群将崩溃。与之对比，如果含有中剑水蚤的容器达不到90%，那么在模型中只能减少90%的蚊子数量。

193

凡波的成功案例对于得到政府的支持和外国的经济援助，从而在越南更多社区推广中剑水蚤是十分必要的，电视的广泛宣传和学校的教育使中剑水蚤成为一个家喻户晓的名词。政府设立电话查询专线将那些可以提供中剑水蚤并解释其使用的健康专员介绍给感兴趣的社区。在越南国家卫生与传染病研究机构，仅一个简单的批量生产系统就可以每个月以很低的成本，用150升的废旧塑料桶生产数十万的中剑水蚤。

凡波模式被广泛效仿。中央的工作人员使用视频文件对地方健康专员进行培训，将中剑水蚤引入社区。这些健康专员再培训地方的教师，让他们组织学生对废弃容器进行常规收集。健康专员从村庄的妇女联盟中招募志愿合作者，这些志愿者需要在挨家挨户行动计划和免疫项目中表现出可靠性。每个合作者负责50—100户，刚开始时在其中一户人家的容器中引入大约50只中剑水蚤。一旦这些桡足类动物繁殖到一定数量，合作者就会提着一桶含有中剑水蚤的水到每家每户，在每个容器中倒入一杯水。合作者还向每个家庭解释中剑水蚤的用途，然后至少每个月返回一次检查容器的状况。该项目培训了大约900名健康专员和合作者，在越南北部和中部，中剑水蚤已经散布到超过30 000户家庭中。

参与该项目的大多数社区都再现了凡波现象。中剑水蚤被引入后的大约一年时间里，埃及伊蚊消失了。少数例外是在城市社区中，埃及伊蚊的数量有所下降但并没有完全消失；原因是地方合作者的工作并没有覆盖每一个家庭。在一些缺乏持续的挨家挨户健康项目的城市区域，招募一些无法确定其可靠性的合作者是必

194 要的。大多数合作者表现很好,但也有一些人不能胜任,而且他们的工作可能是因为城市中较低的社会和谐性而变得复杂。登革热传染区域有1 200万越南人家庭,需要服务的潜在数量是巨大的。对健康专员和地方合作者的培训是在全国范围内推广中剑水蚤的瓶颈。一些省份建立起他们自己的中剑水蚤生产和培训中心。当该项目拓展到越南南部时,它遭遇到最大的挑战,因为越南南部的热带气候对于埃及伊蚊和登革热在全年传播是十分理想的。

将大量中剑水蚤从产地运输到村庄也是一个问题,因为当桡足类动物挤在少量的水中时,它们的食物供应很快就会被耗尽。然后就开始互相蚕食。一个简单的解决方案是将中剑水蚤暂留在潮湿的发泡胶上存活数月,它们就不能移动去吃对方了。发泡胶块被装进小的塑料容器内,邮递给越南全国的公共健康专员。要使储水容器中含有桡足类动物,只要将一块含有 50 只桡足类动物的发泡胶放进容器中即可。

1998 年,越南报告了 234 000 例登革出血热,比起其他传染病有更高的致死率。1999 年,政府启动了一项高优先级的国家登革热项目,以中剑水蚤为主要角色;不仅用于登革热的预防,也在一些还没有使用中剑水蚤的区域用于应对登革热的爆发。政府也向地方健康专员提供了成套工具,用于对疑似登革热病例进行快速血液分析,以保证确诊登革热的区域可以迅速进入应急响应状态。当供应增加时,中剑水蚤就可以按照常规推广到疾病爆发区域。

### 中剑水蚤在其他国家的前景

其他国家使用中剑水蚤是否也能像越南一样成功?充满希望

的前景似乎将要出现在东南亚。登革出血热是东南亚地区主要的健康问题,公众关注度高,而且大多数埃及伊蚊繁殖的栖息地都是类似于已在越南证实适于中剑水蚤存活的储水容器。东南亚以外的其他地区公众的推动力没有那么强大,一些生存环境对于中剑水蚤的存活也没有那么理想。其他区域的登革热控制除了推广中剑水蚤和进行容器回收之外,实质上还需要做更多;然而中剑水蚤还是可以在出现登革热问题的几乎每个区域推广,至少消灭栖息于某些容器中的埃及伊蚊。

195

生产和分发技术并不是将中剑水蚤的使用推广到其他国家的障碍。生产并不昂贵,运送给地方也不难。越南的中剑水蚤生产和分发是通过国家、省、地方政府进行的,而其他国家的分发可以利用以下三者中的任意一种组合:政府部门、非政府组织以及基于地方的私营部门。成功的关键在于社区组织。将桡足类动物放进容器,当数量减少时重新放入,这一点非常简单明了,并不困难;但保证每个人都能这么做却是十分必要的。可以一个街区一个街区地实施。100 个家庭一起努力就可以让他们远离埃及伊蚊的叮扰,即使周边区域的家庭什么也不做。

一些地方的社区网络能提供实现成功的最好条件,在这些地区推广中剑水蚤是最有希望的。越南的优势在于,大部分登革热出现在农村地区,而农村地区的社区组织是最强的,并且挨家挨户的健康计划已经开始发挥良好的作用。幸运的是,其他国家成千上万的社区也有挨家挨户的网络,涉及初级健康保健、家庭规划、辅助疟疾治疗、农业推广、宗教慈善和小型商业支持等。这些相似的网络可以作为推广中剑水蚤,并保证其在社区范围合理使用的媒介，甚至那些可以非常有效地推销杀虫剂喷洒罐和蚊香的私人市场网络，如果建立起基于社区使用的奖励制度，也可以发挥很好的作用。每一次成功所证实的效果都可以激发起更多的社区组织实施，以便他们也能成功地使用中剑水蚤。

## 结论

登革出血热的案例告诉了我们什么呢？首先，它展示了人类活动如何创造环境条件来决定一种疾病是继续猖獗还是被消除。国际间的人员流动带来了世界范围的四种登革热病毒，产生了登革出血热。当人们消除了埃及伊蚊在住房周围储水容器中生存的机会时，登革热消失了。其次，它证明了通过生物控制根除地方蚊疾的可能性。一个综合了多种控制方法的生物疾病控制策略比起只依赖杀虫剂的策略要有效得多。我们看到生物方法是可持续的。蚊子幼虫将不会进化出对中剑水蚤的抗药性。第三，它证明了成功所必须付出的努力。今天在世界上几乎所有地区所进行的努力都没有达到这个水平，也没有达到 60 年前巴西根除埃及伊蚊、战胜黄热病所付出努力的水平，当年的成功源于强度大且一丝不苟的组织和管理。最后也是最重要的，它强调了地方社区的核心角色。只有通过地方层面密集而且有效的组织的努力，登革出血热才能被消除。在过去的 30 年中大部分地区在应对登革热中缺乏进展并不罕见。在世界范围内，由于个人和公众的优先关注点转移到了其他方向，地方社区的社会支持系统衰退了。依赖于强有力的地方社区的人类福利，在很多方面也都相应地衰退了。建设一个有力、高效的地方社区的责任主要在于地方居民，来自国家政府的鼓励和帮助可能会是决定性的。只有当地方社区能够真正发挥作用时，生态的可持续发展，包括可持续地控制蚊疾的传播，才能成为现实。

## 巴拉塔利亚-泰勒博恩国家河口规划：区域环境管理的一个案例

河口地区是河流入海时在广阔的区域展开形成的生态系统。河口中大部分水体是淡水和海洋潮汐带来的咸水的混合体。河口地区在生物多样性、生物生产力以及生物资源的经济价值方面都十分独特，也是世界上最濒危的生态系统。其充裕的自然资源鼓励了高强度的使用和过度开发，正如一些地区的自然生态系统被转变为农业生态系统一样。东南亚很多滨海红树林生态系统已经被转化为水生养殖池塘，以满足全球市场对河虾、海虾和鱼的需求。世界上最大的城市中有很多位于滨海地区，附近河口三角洲肥沃的平原土地可以为城市生产食物。滨海城市向附近的河口地区扩张也就不足为奇了。 197

巴拉塔利亚-泰勒博恩河口是美国最大的河口。整个河口系统覆盖了 16 835 平方公里的面积，密西西比河在该区域流入墨西哥湾(图 12.2)。这里是大约 735 种贝类、鱼类、两栖类、爬行类、鸟类和哺乳类动物的家园。大约有 63 万的人口居住在这一区域，其丰富的自然资源也为很多生活在区域之外的人提供了生计。巴拉塔利亚-泰勒博恩河口提供了一个案例，说明当自然资源被高强度开发时，或者为实现人类目的，自然生态系统被故意调整、改造为其他类型的生态系统时，生态问题就会出现。对巴拉塔利亚-泰勒博恩河口案例的研究具有特别的指导意义，因为当地居民为动员他们的社区处理生态问题，开发了一个经过认真设计的行动项目。这是一个成功的故事，它以事实解释了第 11 章所描述的适应性发展，展示了怎样才能让适应性发展成为现实，以及适应性发展能达到什么目标。

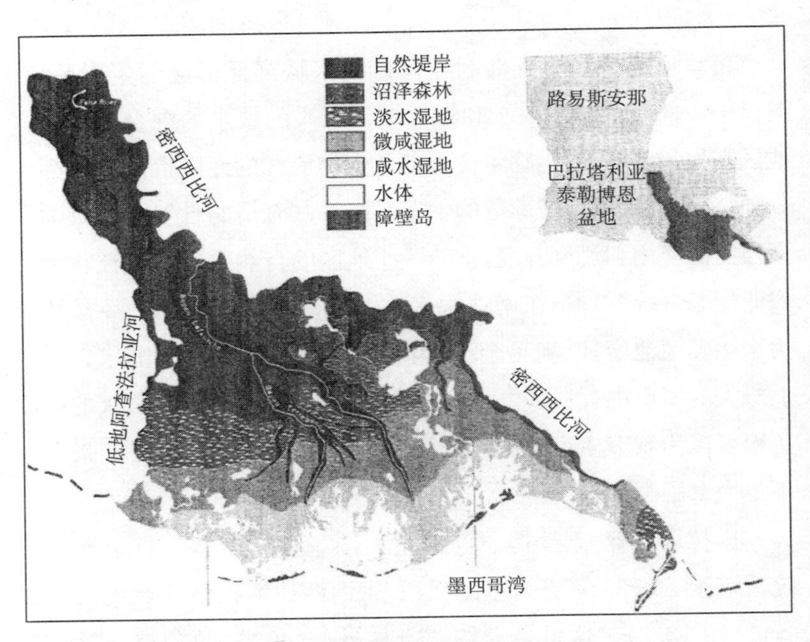


**图 12.2　巴拉塔利亚-泰勒博恩河口**

资料来源：BTNEP(1995)*Saving Our Good Earth*：*A Call to Action*. Barataria-Terrebonne estuarine system characterization report，Barataria-Terrebonne National Estuary Program，Thibodaux，Louisiana.

## 河口概述和历史

198

像其他河口一样，巴拉塔利亚-泰勒博恩河口是一个景观马赛克系统，对应不同水分、盐度和其他物理坡度，从干旱的内陆通过湿地向开敞的水面延伸，从纯净的河水通过微咸水向海水延伸。河口有三种主要类型的生态系统，依次从坡度较高地区向较低地区过渡：沼泽、湿地和开敞水面（图12.3）。最高处的陆地对于房屋和农场来说足够干燥，以混合落叶林为区域的景观特征。大部分较高的土地周期性地被水淹没，以至于一年中的大部分时间里土壤都是湿的，甚至是在几厘米的水下。这种情况下的自然生态系统是沼泽——被柏树主宰的沼泽森林，这些柏树可以在其一生

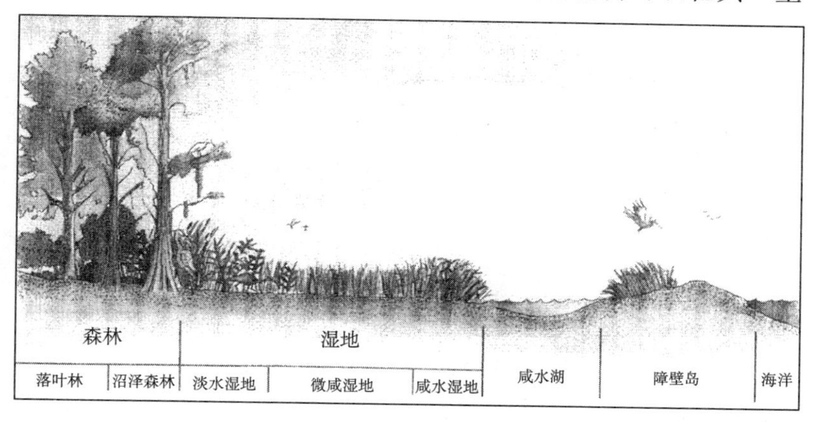


**图12.3　展现河口地区自然生态系统三种主要类型的景观影像：沼泽、湿地和开敞水面**

资料来源：BTNEP(1995)*Saving Our Good Earth*：*A Call to Action*. Barataria-Terrebonne estuarine system characterization report, Barataria-Terrebonne National Estuary Program, Thibodaux, Louisiana.

的千年时光里长到巨大的尺寸。沼泽和落叶林生态系统占整个河口系统的19%。在略微低些有更多水的土地上,湿地生态系统居主导,占河口系统的22%。在微咸水或咸水地带,湿地的主要特征是被密集的0.5—1米高的粗草所覆盖。沼泽和湿地中的大型动物包括熊、鹿、鳄鱼(可以长到4米多长)。覆盖着最低土地的开敞水面中的水很深,以致树木和湿地草丛无法生长。开敞水面占河口系统的37%,包含水生生态系统。

河口地区有着一系列让人印象深刻的自然资源,包括木材、野生动物和海产品。这里同样是墨西哥湾地区多种具有商业价值的鱼类的育养场。沉积作用和陆地下沉之间的动态平衡保持着河口自然生态系统的完整性。湿地土壤每年下沉几厘米很正常。由于土壤中的有机物含量高,其中的一些分解了,还有一些被土壤的重量压在下面。洪水期间沉积下来的土壤,补偿了下沉的部分。如果洪水中有足够的沉积物可以完全补偿下沉的部分,那么河口的地形景观和产生的水生环境与之前的年份相比,就会大体保持相同。

199

与北美的其他地区一样,美洲原住民在巴拉塔利亚-泰勒博恩河口生活了几千年。他们人口少,对河口自然资源的需求比较适度。大约200年前,随着欧洲人的到来,开始了高强度的使用,他们砍伐柏树,清理更高处(也更干燥)的土地用来耕种,并建造了他们的家园。从那时开始,各种资源开始在不同的时期遭受高强度的开发。随着市场的变化,以及资源开发和开发殆尽的繁荣与萧条,人们的注意力从一种资源转移到另一种资源。大量悬挂在柏树上的西班牙苔藓,在早些年被用来作为床垫的填料;土地被排干后,这里开始种植经济作物如棉花以替代西班牙苔藓。鱼、虾、牡蛎和小龙虾以惊人的供应量为很多国家的移民提供了工作机会。短吻鳄因其昂贵的皮被大量猎杀，毛皮动物如麝鼠、水貂、水獭因其毛皮被捕捉。为了增加用于交易的皮毛的数量，海狸鼠（南美洲产的一种水栖动物）在 20 世纪初期被从南美引入。随着近年来反皮毛运动的兴起，海狸鼠毛皮的交易量开始下降；所以尽管被短吻鳄捕食，海狸鼠的数量还是爆炸式地增长，严重破坏着沼泽地植被。

对河口自然资源的开采改变了当地的景观面貌，但由发展带来的更大变化在 20 世纪势头更猛。最显而易见的是为航行兴建的运河网络。从 1930 年开始的大规模的石油勘测和开采增加了运河的数量，也污染和损害了自然生态系统。为控制洪水修建的堤坝和其他工程完全改变了用以维持河口自然生态系统的水循环、洪水和泥沙沉积的模式。这些变化带来了一系列影响河口生态系统的链条反应。到 1980 年，自然生态系统的破坏速度已向人们敲响了警钟。河口地区居民赖以生存的生物资源受到了严重的威胁。一些家庭失去了建造他们家园的土地。 200

## 生态问题

水流变化。航行运河，以及油气的勘测和开采，为咸水通过潮汐运动进入河口开辟了通道。咸水入侵（salt-water intrusion）增加了河口一些区域的盐度，将生物群落改变为耐盐动植物，它们原本只生活在靠近海洋的咸水区域。咸水可以杀死大量柏树，特别是当飓风引起的风暴潮将咸水带进河口时。运河也会增加河口的土壤流失，因为往来船只带来的波浪侵蚀了运河河岸，扩大了水面范围。

挖掘运河排出的泥沙被堆在岸边，阻碍了水的流动，导致一些地方水量累积，另一些地方则水流和沉积物都无法到达。控制洪水的堤坝阻碍了河水和沉积物向周边的湿地扩散。密西西比河中的大部分沉积物（每年 2 亿吨）通过河口地区的疏导进入墨西哥湾。

*沉积减少*。与一个世纪前相比，密西西比河今天的沉积量减少了 80%。密西西比河流域的水土保持措施减少了流入河中的沉积量，河流沿线的很多水流控制结构（如水闸和水坝）减少了水流量，以致大部分沉积物在到达河口前就已经沉降下来。然而，密西西比河有足够的沉积物来堆积陆地，堆出的陆地并不孤立于堤坝围起的河流。在过去，洪水为河口带来沉积物，而现在，河口的很多地区不再有来自密西西比河的沉积物，因为堤坝让洪水无法到达。

*土地减少和居住地变化*。当泥沙沉积无法补偿湿地的自然沉降时，就会造成地面沉降。较低的土地被更深的水覆盖，导致水平[201]面上升，水平面的变化改变了整个生物群落。沼泽转变为湿地，而湿地转变为开敞的水面（图 12.4 和图 12.5）。随着波浪作用引起的侵蚀、运河工程等人类活动以及全球变暖引起的全球海平面上升，土壤流失的情况更加严重。大部分土壤流失发生在离海洋最近的咸水湿地（图 12.2）。在海狸鼠吃光所有湿地草丛的地区，土壤流失会非常严重，因为已经没有植物可以留住土壤。在 1980 年代，每年流失 54 平方公里的湿地（占河口地区湿地总面积的 0.8%）。到了 1990 年代，土地流失的速度有所下降，因为大部分易受侵蚀的土地早已失去。

*富营养化*。污水和农业径流含有植物营养元素，如氮、磷、硅[202]酸盐等可以让海藻及其他植物生长旺盛，这些植物在夜间消耗水

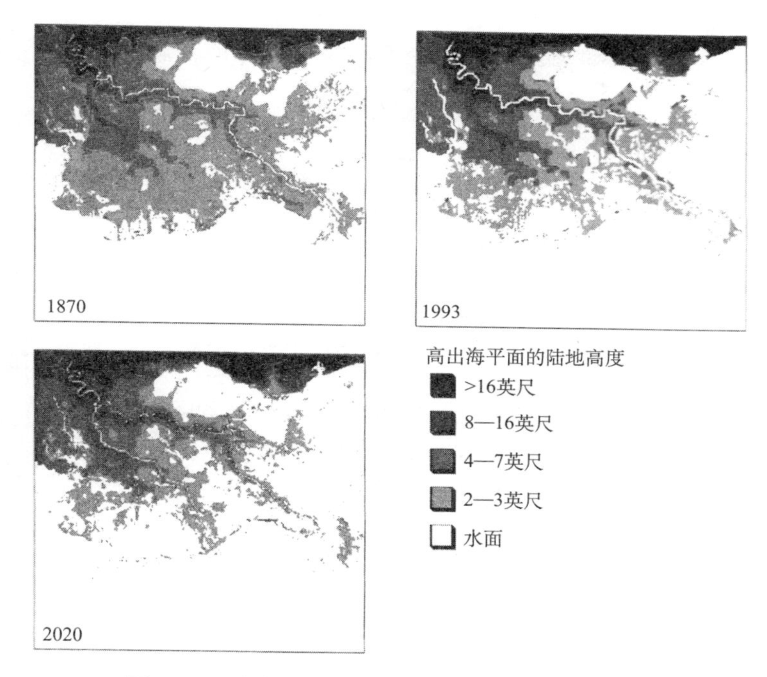


**图 12.4 过去 130 年以及计算机模拟的未来 20 年巴拉塔利亚-泰勒博恩河口地形变化**

资料来源:Data from Barataria-Terrebonne National Estuary Program, Thibodaux, Louisiana.

中的大量氧气,当其最终死去或分解时,从水中消耗了更多的氧气。由于水中氧气浓度降低,造成大量鱼类死去。

病原体污染。污水中含有的细菌和病毒污染了河口地区,这些病菌集中作用于贝类和其他海产品,威胁着人们的健康,同时也减少了来自这些资源的收入。

**图 12.5　在 50 年中经历了从沼泽到开敞水面的巨大变化的 110 平方公里的河口区域(利维乐,路易斯安那)**

注:地图中的"水面"是指水渠和开敞水面。"Class Ⅰ"沼泽的水最少,"Class Ⅵ"沼泽的水最多。

资料来源:BTNEP(1995)*Saving Our Good Earth:A Call to Action*. Barataria-Terrebonne estuarine system characterization report, Barataria-Terrebonne National Estuary Program, Thibodaux, Louisiana.

*有毒物质*。虽然密西西比河到达河口前的一千多公里河流沿线,都会有工业和生活废弃物倒入河中,但近几十年来的污染总量大幅下降。尽管河水中氮和阿特拉津(一种在上游的稻田中使用的除草剂)的含量高于可接受的水平,但对于河口来说,密西西比河并不是主要污染源。实际上,河口地区的所有污染都来自于直接倒入河口的物质。它们包括:为防止水葫芦和其他水生植物堵塞运河航道而使用的除草剂;密西西比河附近地区的石化和化学工业产生的污染物排放;来自船只、漏油以及其他与油气生产有关的污染;农业和城市径流,包含农业杀虫剂、用于草坪和花园的化

203

学物质、破旧汽车漏在路面上的机油;处理危险品时产生的渗漏,包括重金属和多种致癌有机物。很多这类物质在食物链中累积,会对人类健康造成威胁。

生物资源的变化。在湿地面积减少的同时,与湿地生态系统有关的动植物种类数量也相应减少。过度开发和污染也同样会对动植物产生消极影响。在20世纪60年代,由于农业中使用DDT带来的污染,使得秃鹰和褐鹈鹕几乎从河口地区基本消失了。70年代初,DDT的停用让这两种鸟的种群数量得以恢复。从外界引入的动植物会与本地物种竞争。海狸鼠每年都会消耗掉大约4平方公里湿地上的植物。2000年,大米草(Spartina grass)不知什么原因都枯死了(被称为"棕色湿地"(Brown marsh)),这让80平方公里的咸水湿地变为泥质滩地,在较小程度上影响了另外900平方公里的咸水湿地。河口地区生态变化对渔业的影响目前还没有弄清楚,但一些科学家认为河口的进一步恶化将导致渔业的严重下滑。尽管存在这些问题,动植物还是在河口地区幸存下来了。

## 解决方法:区域环境项目

1990年,美国环保局(Environmental Protection Agency)决定针对美国所有主要河口地区开展环境管理规划。团队核心由7名全职工作人员组成,并有多名兼职志愿者辅助工作,负责巴拉塔利亚-泰勒博恩河口管理规划的开展。下面的任务说明所提供的职权范围:

巴拉塔利亚-泰勒博恩国家河口项目(BTNEP)将组建一个由政府、私人、商业营利团体组成的联盟,共同分析问题,评

估发展趋势,设计污染控制与资源管理战略,并推荐改善行

204

动,寻求实施的保证。这一联盟将提供必要的领导力,促进各相关团体的有效投入,并将为联合管理进程的发展提供指导。BTNEP 项目将为开放的讨论与各团体间的合作提供平台,包括达成以自然资源保护为最高利益的折中方案。

管理规划的运作是通过一系列战略规划研讨会进行的,这些研讨会使用了文化事务研究所开发的“参与技术”。规划的设计是围绕以下研讨会的主题顺序在大约两年的时间里完成的:

- 未来愿景;
- 实现愿景的障碍;
- 实现愿景的行动;
- 实施行动的联盟。

接下来关于每一阶段发生事件的描述展示了一个区域环境项目的设计是如何从一些宽泛的目标(正如上文任务描述中的那样),演化为一系列具体行动来实现这些目标的。

规划的过程对每一个想参加的人开放,比如来自国家、各州和地方的政府代表、机构、商业组织和感兴趣的市民。一个由 250 名参与者组成的团队将在 3 年中持续参与到规划成型和完善的过程中。

规划以一次研讨会作为开始,明确河口未来发展的愿景。研讨会的关键问题是:我们希望巴拉塔利亚-泰勒博恩河口 25 年后变成什么样? 会议内容包括对头脑风暴的环节进行设计,以保证它可以涵盖来自所有参与者的多样的甚至是相互冲突的观点;确定一些所有人都同意的宽泛的主题。参与者在纸上用简短的词语写出各自的想法,然后贴在墙上让每个人都能看到。参与者可以

要求对一个特别的观点的具体含义作出解释，但不会对观点的价值进行讨论。墙上的每个观点都将成为研讨会的最终记录。

提交的观点有几百个。把所有观点都贴在墙上并确认每个人都理解之后，研讨会的参与人员开始按照观点的共性进行分组。所有参与者共同决定每一组观点的主题名称。主题名称以及每一个与主题相关的观点都会输入文字处理器并作为研讨会的记录打印出来。研讨会的成果将被提炼出来作为愿景陈述（框图 12.1），同时列出研讨会确认的主题。

我们，路易斯安那和巴拉塔利亚-泰勒博恩河口流域的人们，相信巴拉塔利亚-泰勒博恩生态系统是代表着独特的多文化传统的国家财富。而且，我们认识到我们正在进行的管理工作对于它的保护、修复和提升来说非常关键。只有得到大家的积极支持，管理工作才能实现，包括那些居住在流域中的人们，那些在当地、州、全国范围使用其丰富资源的人们。居住和工作在两个流域中的人们认识到了河口对于我们的环境、文化和经济福利的重要性，认为我们应该拥有一个平衡的生态系统，它包括：

- 公共教育和广泛的市民参与；
- 当地、各州和国家的认可与支持；
- 保护多文化传统；
- 维护和修复湿地从而支持鱼类和野生生物的生存；
- 减少污染以保护植物、动物和人类的健康；
- 对环境负责任的经济活动；
- 与环境相适应的基础设施（道路、桥梁、堤坝、铁路等）；
- 对所有使用者来说综合的、完整的流域规划；
- 不同利益团体对资源的和谐使用，以及使用者冲突的解决。

我们一起工作制订规划来重新建立巴拉塔利亚-泰勒博恩河口在化学、物理和生物上的平衡，以保证多样的动植物群落和人类的健康和福利可以在当前和未来的几代人中得到提升和持续发展。

**框图 12.1　巴拉塔利亚-泰勒博恩河口规划第一次研讨会：愿景陈述**　205

第二次研讨会重点关注障碍和克服障碍所带来的挑战，跟第一次研讨会的流程相同。每一位参与者在卡片上列出他们的想法，然后贴到墙上。所有参与者一起对观点分组并为各组主题确认名称。所产生的障碍主题和相应的挑战在框图 12.2 中列出。

| 障碍主题 | 挑战 |
|---|---|
| • 冲突的议程 | 在管理者和用户群体之间寻找共同的基础 |
| • 地方性的狭隘态度 | 开辟一条将激发区域自豪感与实现河口地区的长期治理相结合的道路 |
| • 被歪曲的形象 | 集中进行形象升级宣传以强调河口地区独特的元素 |
| • 不知情的公众 | 开发和实施一个综合项目，所有用户均被告知并参与 |
| • 自然资源限制 | 确认我们资源的上限并寻求平衡地使用 |
| • 对自然进程的不适应 | 明白如何适应自然变化，理解如何使用基础设施能够增进生态系统，减小自然灾害 |
| • 低效的政府 | 在长期的规划和实施中需要所有层级和政治管辖区的参与 |
| • 对环境条例的不信任和抵制 | 制定有严格惩罚措施的清晰、公平、务实、可实施的条例 |
| • 数据的差异和解释 | 对数据进行组织和解释，从而使其成为可以被决策者和公众接受的信息 |

206　**框图 12.2　巴拉塔利亚-泰勒博恩河口规划第二次研讨会：障碍和挑战**

第二次研讨会确认的挑战可供下一次研讨会参考，并通过头脑风暴提出应对挑战的行动。400 多个行动建议被提出，一张建议清单将在研讨会参与者和其他感兴趣的人员中传阅。框图 12.3 概括出研讨会的成果。

| **自然因素**<br>与物理、生物或化学相关的系统，以及河口生态系统中水和陆地的运动。强调科学和技术问题彼此之间紧密相关 | **人文因素**<br>目前对河口影响最大的是社会经济系统。包括知情的公众的参与，以及与经济发展和自然资源价值相关的文化模式和态度 | **管理因素**<br>决策制定和管理系统，包括将对综合的、全局的环境思考融入到规划中，协调和管理人文和自然资源 | **联系因素**<br>由实现环境可持续发展的标准构成的系统。展示了自然、人文和管理系统是如何动态关联的，以及利益相关者是如何将其作为生态系统的“心脏、灵魂或意识”的 |
|---|---|---|---|
| **陆块**<br>通过开发积极有效的项目来保护和恢复湿地和障壁岛 | **经济发展**<br>增加对环境负责的经济活动和有利于河口资源可持续的基于河口的工作 | **综合数据库**<br>创建一个由公众可获取的信息组成的综合数据库 | **平衡的使用**<br>形成河口生态系统和人类健康的指标以及自然资源均衡使用的措施 |
| **多样的生物群落**<br>从实际上支持多样的自然生物群落 | **国家的认可和支持**<br>通过广泛倡导获得国家的认可来吸引联邦资助，并加强联邦支持河口的政策 | **有效的管理**<br>通过增进公众参与的数量和质量，实现均衡的参与投入和跨机构协调；制定清晰、公正、务实、可实施的条例 | **基于共同基础的方法**<br>在管理者和用户群体之间寻找共同基础，以保证实施和得到自发的资源保护 |
| **水的质量**<br>设定并达到可以充分保护河口资源和人类健康的水质标准 | **教育和参与**<br>实施综合教育项目，以提高公众参与热情并保护文化传统 | **综合流域计划**<br>通过在所有计划中建立包含利益相关者、并以他们为先的参与机制，制订并维持多层次、长时期的综合流域规划 | **适应自然**<br>利用现有和未来的基础设施，提供和谐的社会经济活动并减小自然灾害的影响，与自然、物理和生物变化相适应 |

**框图 12.3 巴拉塔利亚-泰勒博恩河口规划第三次研讨会：挑战和行动**

207

在四个月的时间里，每个人都可以仔细思考这些行动建议，然后召开一个研讨会来确认具有催化作用的行动——这些行动不仅本身将能产生令人满意的效果，而且也会引发其他好的行动。对这些具有催化作用的行动进行确认并进行分组，也跟之前的研讨会一样，遵从同样的程序。主要的分组项目是：(1)协调的规划和实施；(2)生态管理；(3)持久的认可和市民参与；(4)经济增长。

催化行动为最后的环境管理规划中的 51 个行动计划提供了基础。想要参与到某个项目实施中的参与者可以注册成为联盟会员，对实施负责。在接下来的一年中，每一个联盟制定出具体的项目细节。对细节的制定绝不能由对项目具体负责的联盟之外的机构来完成。任何一项计划都不能由其他人完成。这些具体的项目共同构成环境管理规划(框图 12.4)，它于 1996 年发表，即四卷本的《综合保护与管理规划》。

208-210

**BTNEP 目标**

- 形成针对河口问题的具有共同基础的方法。
- 保持多层次、长期、综合的流域规划。
- 创造清晰、公正、务实和可实施的条例。
- 保护和恢复湿地和障壁岛。
- 设定并达到可以充分保护河口资源和人类健康的水质标准。
- 从实际上支持多样的自然生物群落。
- 创建一个由公众可获取的信息组成的综合数据库。
- 形成河口健康和均衡使用的指标。
- 实施综合教育项目，以提高公众参与热情并保护文化传统。
- 形成国家对巴拉塔利亚-泰勒博恩河口的认可与支持。
- 与自然进程相适应。
- 提升对环境负责和有利于河口资源可持续的经济活动。

**行动计划**

项目 1:协调规划和实施

项目实施结构

- 继续召开管理会议。
- 通过对《综合保护与管理规划》实施的说明,建立联络点。
- 保留项目办公室和重要工作人员。

协调的规划

- 在管理会议上使用参与式决策制定过程;消解冲突。
- 在河口地区建立两个湿地许可信息中心。
- 为地方官员和规划师提供教育和规划帮助,以保证河口地区持续的经济发展。
- 为各机构制定和实施一系列推荐程序,让公众参与到各州规则、条例和导则制定的过程中。
- 建立一个周期性的评估机制来评价湿地许可的进程和条例的实施。

项目 2:生态管理

聚居地管理

- 通过引入淡水恢复区域的自然水文。
- 通过分流淡水和沉积物来降低盐度,保持或创造湿地。
- 评估恢复 Lafourche 支流作为密西西比河支流航道的有效性。
- 利用河道清淤的堆积物建造、保持和修复湿地。
- 保护和修复河口的障壁岛。
- 稳定岸线,引导沉积作用创造、保持和修复湿地。
- 评估湿地管理和水控制结构,从而稳定水平面并将盐度保持在适于湿地建立和增长的水平。

水质

- 在数量上评估河口地区的资源和多种营养素、细菌和有毒污染物。
- 减少流入河口的与石油相关的液体的数量、容量和影响。
- 减少来自污水处理厂、农村家庭、未装下水道的社区、商用和民用船只及滨水露营地的污水排入河口。
- 应用现有的农业管理计划以减少大量营养物和有毒污染物。
- 减少与雨水排放相关的污染数量;利用雨水增加湿地。
- 创建以管理为目的的基于地理信息系统(GIS)的沉降污染物数据库。

- 评估对人类健康和渔业有害的水华现象的危险与威胁。

生物资源

- 鼓励土地所有者将他们的土地作为迁徙鸟类和本地鸟类的聚居地。
- 通过规范、教育、管理和控制减少外来引入物种的有害影响。
- 在河口地区展开斑马纹贻贝的监控项目，拓展并宣传有关控制技术的新信息。

可获取的、兼容的数据集

- 创建一个可获取的、集中的数据管理系统。

项目3：持续的认可和市民参与

市民参与

- 建立一个社区领导人和团队网络来支持和实施综合保护与管理计划的行动计划。
- 定期召开会议让公众讨论关于河口议题的决策。
- 为公众提供保护和管理河口的参与机会。
- 开发公众监控项目以生成水质和生物资源问题的数据。
- 举行和支持那些强调河口文化传统的活动以培养环境意识和促进管理。
- 帮助和鼓励社区建立城市绿色空间。
- 在河口地区继续暴雨排放模式。

公众信息和教育

- 争取河口问题的立法支持。
- 利用媒体进行信息宣传。
- 组织演说志愿者团队对河口问题进行演讲。
- 为所确认的目标观众群体提供河口问题的教育材料。
- 举办一次目标明确的关于河口综合保护和管理规划的信息发布竞赛。
- 获得并增加对项目办公室免费电话的使用。

课程

- 制作和发放课程材料以支持河口教育(从幼儿园到大学)。
- 提供持续进行的环境教育项目。
- 形成财政支持环境教育的意识；确定资金支持的策略和来源。
- 在河口建立河口教育资源网络。

项目4:经济增长

经济发展

- 为新的环境可持续发展产业确定资金来源。
- 鼓励基于自然的旅游与娱乐。
- 建立海狸鼠商品市场以减少它们对湿地的影响。

技术转移

- 举办一个年度技术博览会来展示环境可持续发展技术。
- 建立新的市场,扩大现有市场,鼓励并举办环境可持续资源输出方面的训练。
- 确认现有的、开发新的,并鼓励更多环境敏感型技术的使用和商业实践。

合作激励

- 为环境可持续型的经济发展确定、提升和提供财政或税收激励。
- 开发并实施一个教育项目,向工商业界观众解释湿地许可的目的。

**框图 12.4 巴拉塔利亚-泰勒博恩国家河口项目环境管理规划(BTNEP)**

规划实施开始于1996年。志愿参与者组织团队管理每一项行动计划。每个团队对每一个想参加的人开放。几个最受欢迎的团队的人数超过了100人。每一个行动计划都具有战略的性质。在工作的开展中由团队决定具体行动。

到目前为止,BTNEP最重要的成就包括:

- 将公众的注意力吸引至作为一个生态系统的河口地区; 211
- 不断有市民参与进来;
- 在项目中建立可信度和信赖感。

在公共利益与私人利益的复杂博弈中,中立的形象对于被社区接受来说是必不可少的。BTNEP并没有帮助任何一个特殊团体。它只关注河口地区的生态健康。良好的职业操守对于让大众接受来说十分必要。居住或工作在河口地区的人们可以充分信赖 BTNEP 的评定和信息包，它们是在可用信息有限的情况下做到尽可能全面和精确的。BTNEP 拥有一个数据和信息管理系统，该系统从每个可用资源中提取信息，并有一个可持续指标计划，用来制定指标，对河口地区的生态健康和发展趋势进行评估和交流。

许多行动计划都与防止水土流失有关，尽管方式各样。到今天为止，实地行动的主要内容是保护容易被雨水侵蚀的土地。这包括广泛种植桑树、朴树、槲树以及其他树种来保持水土。此外，使用很多旧圣诞树来搭建栅栏可以保护海岸线免受波浪作用影响。疏浚河道积累的沉淀物被用来进行小规模湿地的改造。项目的合作者也在制订一些具体的计划和进行一些其他基础工作来分流河水，将水中的沉淀物转移到那些需要增加土地或需要补偿土壤下沉及土壤侵蚀的河口地区。第一次大规模的河水分流始于 2001 年。其结果将会被仔细监测，并用以指导对分流细节的调整。监测也将为其他河流的分流设计提供信息：可以使用自然河水流入的方法，也可以使用管道输送。这些信息都与将沉淀物转移到河口地区的其他部分有关。

许多行动计划也关注水质情况。优先为散落于河道边的住宅和“营地”（钓鱼的小屋）建设小规模的污水处理系统。此外，这个区域的一些镇已经升级了他们的污水处理设施。中学生们帮忙监测水中大肠杆菌（人类排泄污染的一个指标）的含量。一个针对农民的教育项目帮助他们减少了杀虫剂的使用，这个项目提供了控制杂草、昆虫和其他害虫的可选择的方法。石油工业已经升级了其设备以减少石油平台和输油管道的泄漏和溢出。

212

对所有年龄段人群的强化教育是成功的关键。可以为学校准备一些相关的课程和教育资料，同时在教师中开展训练研讨会。美国服务队和三角洲服务公司（一个雇用青少年进行社区服务的政府项目）就河口地区的问题在地方学校进行演讲。免费的电话号码能够促进公众的查询。项目组印发了大约 500 000 份信息材料分发给公众，包括视频、小册子、光盘以及地图（包括本章中的）。视频讲述了河口地区的历史、它的生态问题以及市民们能为生态健康做些什么。新奥尔良附近的美国水族馆举办了有关河口地区变迁的展览，巴拉塔利亚-泰勒博恩野生动物博物馆最近在河口地区落成。志愿演讲者向市民团体解释了河口地区存在的问题，同时也组织了公众教育研讨会。信息被持续地提供给媒体，关于河口地区行动的新闻报道的副本也定期提供给州立法者。

计划的巨大成功来自高度的公众参与。商业团体对湿地恢复作出了贡献。中学生和其他志愿团体种植树木，用旧的圣诞树建造栅栏，同时还创建社区公园。特殊的社区活动，例如庆祝鸟类的迁徙以及年度的生态节将生态教育和公众意识的培养与娱乐结合在一起。人们举行公众集会来讨论一些具体问题，例如由于富营养化所导致的鱼类死亡。另外，河水分流等主要项目在实施之前也在公众集会上予以讨论。

## 结论

我们能从 BTNEP 案例中学到什么呢？虽然一些生态问题是河口地区特有的，但很多都与其他地方相关。第一次规划研讨会所描绘的愿景中的诸多要素，例如减少污染、资源的可持续利用以及综合规划，都与世界其他地方人们的期望是相似的。第二次研讨会确定的障碍主题，如在某地区中不同主体间相互冲突的议程、信息鸿沟、不知情的公众、生态限制以及低效的政府，对任何地方的人们来说都是熟悉的；同时相关的挑战也是类似的。

从这个例子中能学到的重要经验是：为取得成功，区域环境项目需要全职的核心员工，但这个团队的工作能够在适度成本的基础上得到发展。在规划阶段，BTNEP 由 7 名成员组成；而现在只有 5 名。他们的主要职责是组织、解释和交流信息以及促进行动的进展。用于行动计划所有活动的人力资源和资金主要来自政府机构，其规模是 BTNEP 办公室所拥有的人力资源和预算的数百倍。志愿者是必不可少的。然而，更多的项目员工也是需要的。与河口地区任务的规模相比，与这里复杂的生态与社会系统相比，与所要协调的大量的行动计划相比，这个项目的员工数量不足是一个严重的限制因素。

开放性和包容性是 BTNEP 成功的关键。这种方法也许对政治家和争权夺利的管理者没有什么吸引力；但通过全面吸收整个社区公众的智慧，开放性和包容性使 BTNEP 更加具有效率和持久性，并形成了项目的社区归属感的广泛基础，这为它的成功带来了一致的承诺。另外一个与开放性和包容性密切相关的因素是对河口地区生态信息进行收集和交流的高技术标准。能否作出明智的决策和取得公众支持，取决于社区公众是否足够知情，以及对于将会发生什么、人们从提出的行动中可以期待什么有一个现实的描绘。

区域之外的推动力起到了关键作用。项目的发展来自美国政府的要求，它为项目的规划和实施提供了基金。规划中真正的公众参与是有效决策和成功实施的关键，来自外部的擅长公众组织和战略规划的非政府组织极大地促进了公众参与。对于区域环境项目来说，脱离外部支持的自发发展是不常见的。

巴拉塔利亚-泰勒博恩河口地区特殊的生态和经济价值、生态问题的广度和严重性，以及快速的水土流失，无疑是如此高质量的环保项目能够在这个特殊位置上得到发展的原因。然而，214 全球需要相似质量的区域环保项目。同样地，学校委员会或监察机构也必须保证对这一地区孩子们的教育标准；类似于BTNEP和圣塔莫尼卡山国家休闲区（在第11章曾经描述过）的环保项目也十分必要，可以为后代保持生态健康的景观，并恢复必要地区景观的生态健康。这是一种不能忽视的责任，不论是对我们自己、子孙后代，还是所有与我们一起分享这个星球的物种来说。

## 需要思考的问题

1. 解释在关于登革热、蚊子和桡足类动物的案例中以下每个概念是如何被描述的：生态系统和社会系统的效应链、承载能力、种群调节、复杂系统周期、生态系统的人类投入、景观马赛克、相互适应、新技术的未预料的结果、社会复杂性、公共所有资源的可持续管理、稳定性与弹性的冲突、适应式发展。

2.“环保技术”主要引入了减少污染或废物循环的思想方法、过程或设备。尽管污染的减轻和回收利用在可持续发展中起到了关键作用，但要想实现可持续发展，还需要更为广泛的技术领域支持。登革出血热和桡足类动物的案例研究解释了生物控制——一种既能应对健康虫害又能应对农业虫害的生态技术。你能想出其他有助于可持续发展的生物技术（一些与生物控制差别很大的）案例吗？地方社区在发展和实施生物技术中应扮演什么角色？

3. 地方环境管理提供了许多福利，但必须克服强大的障碍使它变为现实。思考一下你所在区域的景观，以及地方环境的其他方面。哪些问题需要得到社区关注？巴拉塔利亚-泰勒博恩河口地区的案例研究展现了如何来澄清问题，从而使政界人物和公众受到教育，并激发他们支持和参与到解决问题的行动中来。你从这个例子中得到了什么启发？你所在的社区是如何调动政界和公众支持环保行动的？

（袁晓辉译　张天尧校）

# 词　汇　表



**适应性发展(adaptive development)**:通过解决问题实现社会系统的进化,包括广泛的公众参与,监控评估人类行动和改进措施的有效性,以保证采取的措施与社会发展目标相一致。

**农业生态系统(agricultural ecosystem)**:参见生态系统。

**农业革命(Agricultural Revolution)**:大约10 000—12 000年前农业的开始。驯养家畜,种植植物,将它们作为人类的食物和其他材料的来源。

**农林业系统(agroforestry)**:包含树木在内的农业生态系统。

**万物有灵论(animism)**:认为植物、动物和自然中的一些非生命部分拥有精神或灵魂。

**一年生植物(annual)**:仅能存活一年或一个季度的植物。

**自主的(autonomous)**:不受外在控制。

**生物群落(biological community)**:一个生态系统中所有活的生物(植物、动物、微生物)。

**生物控制(biological control)**:通过改变害虫的生存环境或引入它们的天敌,如捕食者或病菌等,实现对害虫的控制。

**生物生产量(biological production)**:(也叫"初级生产量")指一个生态系统中的植物生长总量(源于光合作用)。植物生长总量决定了一个生态系统中为所有其他生物提供的食物的总量。

**生物群系(biome)**:与特定气候类型的地理区域相联系的大型生态系统。

**热爱生命的天性(biophilia)**:人类与生俱来的,将动植物以某种形式作为他们生命的一部分的情感需求。

**微咸水(brackish water)**:淡水和咸水的混合体。

**树冠(canopy)**:森林中树枝树叶的顶层。

**承载能力(carrying capacity)**:一个生态系统能够长期支持的某种动物或

植物种群的最大数量。

216

**丛林(chaparral)**:一种由灌木构成的生物群落,这些灌木可以适应干燥的夏天和潮湿的冬天。常见于加利福尼亚南部沿海地区。

**全部砍伐(clear-cutting)**:一次性砍伐光森林中的所有树木。与选择砍伐相对。

**顶级群落(climax community)**:生态演替的最终阶段。

**相互适应(coadaptation)**:同一生态系统的不同部分之间的相互调整。

**共同进化(coevolution)**:两种生态关系密切的生物(如捕食者和被捕食者)在自然选择中相互影响、相互适应的过程。

**公共资源(commons)**:被群落中的成员共同使用的一块土地或其他资源。

**群落构建(community assembly)**:通过有选择地增加生态系统中的新动植物物种,实现生物群落的自组织。

**复杂适应系统(complex adaptive systems)**:拥有反馈循环的系统能够适应周围环境的变化,以此来提高自身的生存能力。

**消费者(consumer)**:以植物、动物或微生物为食的动物或其他有机生命体。

**消费(consumption)**:当动物、微生物捕食(或摄入)植物、动物或微生物以获取它们生存所需的物质和能量时,有机物(如碳链)通过食物网的运动。

**受控燃烧(controlled burning)**:故意施放小型燃烧以减少森林中的可燃物。

**反直觉(counterintuitive)**:与预期相对或相反。在复杂适应系统,如生态系统和社会系统中,人类行为的结果往往是反直觉的,这是因为复杂的效应链产生的最终结果不同于直接影响。

**分解者(decomposer)**:以动植物或微生物的尸体为食的微生物。

**分解(decomposition)**:微生物对动植物或微生物尸体的消费。

**否认(denial)**:(认知失调)拒绝相信与已有信念系统相冲突的信息。否认是一种防御机制,可以减少由现实与信念系统之间的冲突产生的焦虑。

**沙漠化(desertification)**:其他类型的生态系统(如草地)向沙漠的转化。主要涉及表层土的流失与随之产生的半干旱区域植物的减少。

**收益递减(diminishing returns)**:连续增加投资到一个临界点后,收益将不再随着投资的增加而增加。 217

**散布(dispersal)**:动物、植物或微生物通过它们自身的运动或借助于风力、水力、其他动物或机器,从一个地点散布到其他地点的过程。

**劳动分工(division of labour)**:在一个社会中工作或职位角色的多样化,以提高工作效率。

**流网(drift net)**:捕海鱼用的大网眼单丝尼龙刺网,一般几公里长。当鱼试图游过大网时被缠住,就会被捕到。

**生态竞争(ecological competition)**:两种不同的植物、动物或微生物对同一资源的利用。

**生态位(ecological niche)**:生态系统中物种的特有角色。生态位的界定,是通过物种生存所需的自然条件和资源条件以及物种在生态系统的食物网中的位置确定的。

**生态演替(ecological succession)**:生物群落长时间的系统进化,自然生态过程中生物群落的相互替代。参见人类导致的演替(human-induced succession)。

**生态学(ecology)**:研究活的有机体和环境之间的关系和相互作用的科学。

**规模经济(economy of scale)**:由于生产规模的扩大带来单位生产成本的减少。

**生态系统(ecosystem)**:生物群落与化学物理环境相互作用形成的系统。一个生态系统包括某一特定位置上的一切:植物、动物、微生物、空气、水、土壤和人造构筑物。自然生态系统完全由自然过程形成。农业生态系统是由人类创造,来提供食物或其他材料。城市生态系统由人造构筑物主导。

**生态系统投入(ecosystem inputs)**:投入到生态系统中的物质、能量或信息。人类投入是指组织或构建生态系统的人类活动。

**生态系统产出(ecosystem outputs)**:从一个生态系统向另一个生态系统或人类社会系统转出的物质、能量或信息。

**生态系统服务(ecosystem service)**:人们从生态系统获取的物质、能量或信息,或为生存所需(如食物、纤维、建造材料和水),或为获得丰富生活的舒适感受和体验。

**生态系统状态(ecosystem state)**:生态系统在某一特定时间地点,其物理环境、化学浓度,以及每种植物、动物、微生物的数量等特征。

218

**显性属性(emergent property)**:由系统各个部分形成的系统整体特征,而不是系统各部分的独立特征。

**濒危物种(endangered species)**:面临灭绝危险的动植物物种,主要由人类活动造成。

**能量流动(energy flow)**:通过食物网中有机体的相互消费,能量在有机物碳链中的运动。

**环境难民(environmental refugees)**:由于生态系统不再能够提供人们生活所需,人们从区域中迁出。

**河口(estuary)**:河流中更宽阔的方向,是河流与海水潮汐交汇的地方。河口中的大部分水是淡水和咸水的混合体。

**富营养化(eutrophication)**:富含矿物质的污水能够刺激植物生长。

**指数人口增长(exponential population growth)**:人口增长速度随人口数量增加而持续增大。

**外延经济区(extended economic zone)**:在距海岸320公里的海域范围内,一国拥有对范围内所有资源的主权。

**休耕地(fallow)**:不使用的土地,没有耕、种、饲养作物等活动。

**渔业演替(fisheries succession)**:渔业生态系统中生物群落的变化,以被大量捕捞的鱼类的消失和其他鱼类(或其他动物)取代其地位为特征。

**食物链(food chain)**:通过相互捕食联系在一起的一系列生物体。参见“食物网”。

**食物链效率(food chain efficiency)**:在食物链一层中的碳链能量能够被下一层消费的百分比。

**食物网(food web)**:一系列相互联系的食物链,包括一个生态系统的生物群落中的所有生物体。

**绿色革命(Green Revolution)**:通过引入高产作物种类和应用现代农业技术,提高农业产量。

**栖息地(habitat)**:特定种类的植物、动物或微生物日常生活于其中的生态系统类型。

**等级组织(hierarchical organization)**:系统中的每一种元素都包含其他元素的系统组织形式。生物系统的等级从原子和分子依次扩展到细胞、组织、器官、个体、种群和生物群落。景观马赛克的生态系统嵌套等级从不足一平方米扩展到整个地球的土地。

**高产品种(high-yield varieties)**:通过现代培育技术在基因上得以改进的作物,它们在理想的环境条件下拥有高水平的产量。 219

**原态稳定(homeostasis)**:能够保持生物体的功能维持在身体所需的范围内的负反馈机制,以保证即使在外界扰乱功能的刺激下,生物体功能也能正常运转。

**人类生态学(human ecology)**:研究人与环境之间的关系和相互作用的科学。

**人类导致的演替(human-induced succession)**:由于人类活动导致的生态系统中生物群落的变化。参见“生态演替”。

**工业革命(Industrial Revolution)**:开始于300年前的英国,由动力驱动的机器代替手工工具带来经济和社会组织的变化。

**地面沉降(land subsidence)**:有机物分解,以及上覆沉积物重量造成的沉积压缩,导致的土地下陷。

**景观马赛克(landscape mosaic)**:在一个区域中由不同类型的生态系统组成的重复拼贴。参见“等级组织”。

**杀幼虫剂(larvicide)**:用来杀幼虫的化学物质或其他药剂。

**落叶覆盖层(leaf litter)**:覆盖土壤表面的一层死去的植物。

**豆类(legume)**:类似于豌豆和菜豆,豆荚可以在两侧裂开的植物。豆类通常都有根瘤,其中包含的共生菌可以将大气中的氮转化为植物所需要的形式。

**湿地(marsh)**:有水浸透的低洼区域,一般全部或部分被耐水草类覆盖。

**物质循环(material cycling)**:(也被称为“氮循环”或“矿物质循环”)化学元素通过生态系统中的食物网、空气、土壤和水进行循环的过程。

**大都市区(metropolitan region)**:一个大型城市及其周边区域。

**水俣病(Minamata disease)**:汞中毒的一种严重形式,以神经系统的退化为特征。被称为水俣病是因为在日本水俣湾出现了由被污染的鱼类导致的汞中毒。

**矿物质循环(mineral cycling)**:参见“物质循环”。

**矿物质营养素(mineral nutrients)**:动植物生长所需的无机物(如氮、磷、钾、钙、硫、钴、铜、硼、锰、锌)。

**单一栽培(monoculture)**:只有一种作物的农业生态系统。

**林木菌根(mycorrhizae)**:一种与植物的根共生的真菌,帮助根吸收磷元素。

220 **自然资本(natural capital)**:文明所依赖的能够促进经济繁荣的所有自然资源。自然资本包括自然、农业和城市生态系统中的水、矿物质、空气、土壤、植物、动物和微生物。

**自然生态系统(natural ecosystem)**:参见“生态系统”。

**负反馈(negative feedback)**:一个生态系统或社会系统中的将系统各部分维持在特定限制中的一系列效应。

**固氮菌(nitrogen-fixing bacteria)**:能起到固氮作用的细菌——将大气中的氮转化为植物可以利用的形式(比如氨)。

**不可再生自然资源(Non-renewable natural resources)**:非生物资源,如石油、煤气、煤和矿物质。

**营养循环(nutrient cycling)**:参见“物质循环”。

**营养泵(nutrient pump)**:一种生态过程,树木获取了在土壤中的位置非常深,以致作物的根部不能获取的矿物质营养素。矿物质营养素进入到树木的叶子中,最终掉落在土壤上易于被作物获取。

**有机农业(organic farming)**:一种替代化学肥料、杀虫剂或催化剂,利用植物或动物产生的肥料以及天敌控制方法的农业模式。

**过度开发(overexploitation)**:对生态系统服务的利用超出了生态系统长期的支撑能力。

**过度捕捞(overfishing)**:对渔业的过度开发,从可持续的观点来看是捕捞的鱼量超过了渔业可以产出的数量。

**过度放牧(overgrazing)**:对牧场和草地资源的过度开发,对牲畜放牧的数量超过了草地所能支撑的。

**过量(overshoot)**:超过。在人类生态系统中是指(a)一种动物或植物群落数量的增加超越了环境的承载能力或(b)工业或其他对生态系统的需求超过了生态系统提供服务满足这些需求的能力。

**寄生虫(parasite)**:一种动物通过生活在与其密切相关的另一种动物(寄主或宿主)上获取所需营养,而并不杀死寄主或宿主。寄主或宿主动物在这种关系中可能会被伤害(在一些情况下最终被杀死)。

**病原体(pathogen)**:一种微生物造成另一种生物的疾病。当病原体生活在与其密切相关的寄主生物上以获取生存所需的生境和营养,这种情况会发生。

**感知(perception)**:人们"看到"并解析信息的途径。感知对于人类生态学来说非常重要,因为它们形成了利用信息在人类行为方面达成一致的途径。

**多年生植物(perennial)**:能够在全年中生长的作物或其他植物,它们至少能生长几年。 221

**浮游植物(phytoplankton)**:在水生生态系统中漂浮在水面上的极小的植物。

**混合种植(polyculture)**:一个农业生态系统由多种作物混合组成。

**种群(population)**:一个特定生态系统中所有同种类的动物、植物或微生物。

**种群压力(population pressure)**:当一个种群临近或大于承载能力时,食物或其他资源缺乏带来的压力。

**种群调节(population regulation)**:通过负反馈对种群数量的控制。

**正反馈(positive feedback)**:通过生态系统或社会系统放大变化的效应链。

**预防原则(precautionary principle)**:人类/环境相互作用的标准,强调因为有限的环境知识所需要采取的谨慎的行为。

**捕食者(predator)**:以其他动物为食的动物。

**初级生产量(primary production)**:参见"生物生产量"。

**冗余(redundancy)**:超过系统所需的功能复制或叠加。

**可再生的自然资源(renewable natural resources)**:在一个生态系统中资

源可以通过物质循环和能量流动来更新。大多数可再生资源(如森林、渔业和农业产品)都是有生命的资源,尽管一些没有生命的资源(如水)也是可以再生的。

**弹性(resilience)**:在受到严重压力或扰乱后还能恢复到初始状态的能力。

**呼吸(respiration)**:活的生命体为了通过新陈代谢过程提取能量,对碳链的氧化。

**盐碱化(salinization)**:灌溉造成的土壤中盐的毒性浓度的累积。灌溉的水从土壤中蒸发,留下了被溶解的盐累积在土壤中。

**咸水侵入(salt-water intrusion)**:由于河流入海被打断引起的海水向内陆地区的潮汐运动。

**里山(satoyama)**:日本村庄农业和森林管理的传统系统。

**选择砍伐(selective logging)**:只砍去森林中的一些树木。选择砍伐是一种基于可持续的管理森林的方法。与之相对的是全部砍伐。

**轮垦(shifting cultivation)**:参见"轮耕"(swidden)。

**刀耕火种农业(slash-and-burn agriculture)**:参见"轮耕"(swidden)。

**社会制度(social institutions)**:一种已成形的行为或关系模式,常被作为一种文化的基本部分。

222 **社会组织(social organization)**:团体中社会关系的结构,包括不同的次级团体和机构间的关系。

**社会系统(social system)**:与人类社会有关的一切,包括其组织和结构、知识和技术、语言、文化、观点和价值等。

**土壤侵蚀(soil erosion)**:因风雨被磨蚀或带走导致的土壤减少。

**稳定性(stability)**:恒久性。对改变的抵抗力。

**稳定域(stability domain)**:一系列相似的系统状态,以维持系统在自然或社会进程中的稳定为特征。

**生存农业(subsistence farming)**:产品仅能满足基本家庭需要,而无法为市场提供剩余产品的农业。

**供应区(supply zone)**:参见"影响区"。

**可持续发展(sustainable development)**:既满足当代人的需求又不损害后

代人满足其需求的能力。生态可持续发展依赖于人类—生态系统的相互作用，这种相互作用可以保持生态系统功能的完整性，以保证持续提供生态系统服务。

**沼泽(swamp)**：被水浸泡的森林生态系统。

**轮耕(swidden)**：（也被称作"刀耕火种农业"或者"轮垦"）是以作物和自然植物之间的轮作为特征的农业系统。通过割除或烧除自然植物（如森林）来准备土地种植作物。一般来说，土地上的作物生长1—3年时间之后休耕，生长自然植物，之后烧除为再一次种植作物做好准备。

**共生(symbiosis)**：两种生物之间共同的利益联盟。

**公共资源的悲剧(tragedy of the commons)**：一些自然资源由于不属于任何个人，也没有限制任何人的使用，资源本身对于个体行为来说又足够充足，对资源供应不会产生重大影响，最终导致的过度开发。

**杂鱼(trash fish)**：基本不具有商业价值的鱼类。

**不可持续(unsustainable)**：无法在较长时间持续发展。生态不可持续是指人类—生态系统的相互作用减少了资源供应或损害了生态系统提供服务的能力，导致生态系统受损或资源耗尽。

**城市生态系统(urban ecosystem)**：参见"生态系统"。

**价值(values)**：感性上尊重的理想、习俗和社会制度。

**带菌者(vector)**：传播细菌、病毒、真菌或其他疾病的动物。

223

**流域(watershed)**：向同一溪流、河流、湖泊或海洋排水的区域。流域是城市和灌溉用水的主要来源。

**湿地(wetland)**：被水侵蚀的低地区域，如沼泽或湿地。

**世界观(worldview)**：一个人对周围世界和自己与世界关系的综合概念或印象。社会中被广泛接受的世界观构成社会的世界观。

**影响区(zone of influence)**：城市周边被城市的权威或商业所影响的区域。

**浮游动物(zooplankton)**：生活在水生生态系统中的小动物。

（袁晓辉译　张天尧校）

# 补充阅读

## 人类生态学

Anderson, E (1996) *Ecologies of the Heart: Emotion, Belief and the Environment*, Oxford University Press, Oxford

Borden, R, Jacobs, J and Young, G (eds) (1986) *Human Ecology: A Gathering of Perspectives*, Society for Human Ecology, College Park, Maryland

Borden, R, Jacobs, J and Young, G (eds) (1988) *Human Ecology: Research and Applications*, Society for Human Ecology, College Park, Maryland

Botkin, D and Keller, E (1999) *Environmental Science: Earth as a Living Planet*, Wiley, New York

Boyden, S (1987) *Western Civilization in Biological Perspective: Patterns in Biohistory*, Clarendon, Oxford

Brown, L R, Flavin, C and French, H (2001) *State of the World* 2001: *A Worldwatch Institute Report on Progress Toward a Sustainable Society*, Earthscan, London

Brown, L R, Flavin, C, French, H, Pastel, S and Starke, L (2000) *State of the World* 2000: *A Worldwatch Institute Report on Progress Toward a Sustainable Society*, Earthscan, London

Brown, L R, Flavin, C, French, H, and Starke, L (1999) *State of the World* 1999: *A Worldwatch Institute Report on Progress Toward a Sustainable Society*, Earthscan, London

Bunyard, P (1996) *Gaia in Action: Science of the Living Earth*, Floris

Books, Edinburgh

Campbell, G (1995) *Human Ecology: The Story of our Place in Nature from Prehistory to Present*, Aldine, Hawthorne

Clayton, A, and Radcliffe, N (1996) *Sustainability: A Systems Approach*, Earthscan, London

Cohen, J (1995) *How Many People Can the Earth Support?* WW Norton, New York

Daily, G (1997) *Nature's Services: Societal Dependence on Ecosystems*, Island Press, Washington, DC

Diamond, J (1997) *Guns, Germs, and Steel: The Fates of Human Societies*, WW Norton, New York 

Drury, W and Anderson, J (1998) *Chance and Change: Ecology for Conservationists*, University of California Press, Berkeley

Ehrlich, P, Ehrlich, A and Holdren, J (1973) *Human Ecology: Problems and Solutions*, W H Freeman, San Francisco

Foreman, R (1995) *Land Mosaics: The Ecology of Landscapes and Regions*, Cambridge University Press, Cambridge

Gliessman, S (1997) *Agroecology: Ecological Processes in Sustainable Agriculture*, Lewis publishers, Boca Raton

Gunderson, L, Holling, C and Light, S (1995) *Barriers and Bridges to Renewal of Ecosystems and Institutions*, Columbia University Press, New York

Hardin, G (1993) *Living within Limits: Ecology, Economics and Population Taboos*, Oxford University Press, Oxford

Hawken, P Lovins, A B and Lovins L (1999) *Natural Capitalism: Creating the Next Industrial Revolution*, Earthscan, London

Hawley, A (1950) *Human Ecology: A Theory of Community Structure*, Ronald, New York

Hens, L, Borden, R and Suzuki, S (1999) *Research in Human Ecology: An Interdisciplinary Overview*, Vu University Press, Amsterdam

Holling, C (1978) *Adaptive Resource Management and Assessment*, Wiley-Interscience, New York

Homer-Dixon, T (1999) *Environment, Scarcity, and Violence*, Princeton University Press, Princeton

Hrdy, S (1999) *Mother Nature: A History of Mothers, Infants, and Natural Selection*, Pantheon, New York

Karliner, J (1997) *The Corporate Planet: Ecology and Politics in the Age of Globalization*, Sierra Club Books, San Francisco

Kormondy, E and Brown, D (1998) *Fundamentals of Human Ecology*, Prentice-Hall, New York

Lee, K (1993) *Compass and Gyroscope*, Island Press, Washington, DC

Levin, S (1999) *Fragile Dominion: Complexity and the Commons*, Perseus, Reading, Massachusetts

Lewin, R (1992) *Complexity: Life at the Edge of Chaos*, Macmillan, New York

Lovelock, J (1979) *Gaia: A New Look at Life on Earth*, Oxford University Press, Oxford

Marten, G (1986) *Traditional Agriculture in Southeast Asia: A Human Ecology Perspective*, Westview, Boulder, Colorado

McHarg, I (1995) *Design with Nature*, Wiley, New York

Meadows, D, Meadows, D and Randers, J (1993) *Beyond the Limits: Confronting Global Collapse, Envisioning a Sustainable Future*, Chelsea Green, Post Mills, Vermont

Miller, G (1998) *Environmental Science: Working with the Earth*, Wadsworth, Belmont, California

Moran, E (1982) *Human Adaptability: An Introduction to Ecological Anthropology*, Westview, Boulder, Colorado

226 Nebel, B and Wright R (1999) *Environmental Science: The Way the World Works*, Prentice-Hall, New York

Norgaard, R (1994) *Development Betrayed: The End of Progress and a Co-*

*evolutionary Revisioning of the Future*, Routledge, New York

Ostrom, E (1990) *Governing the Commons: The Evolution of Institutions for Collective Action*, Cambridge University Press, Cambridge

Rambo, A and Sajise, T (1985) *An Introduction to Human Ecology Research on Agricultural Systems in Southeast Asia*, University of the Philippines, Los Banos, Philippines

Rees, W, Testemale, P and Wackernagel, M (1995) *Our Ecological Footprint: Reducing Human Impact on the Earth*, New Society Publishers, Gabriola Island, British Columbia

Roseland, M (1997) *Eco-City Dimension: Healthy Comnities, Healthy Planet*, New Society Publishers, Gabriola Island, British Columbia

Soule, F and Piper, J (1992) *Farming in Nature's Image: An Ecological Approach to Agriculture*, Island Press, Washington, DC

Spirn, A (1999) *Language of Landscape*, Yale University Press, New Haven

Steele, J (1997) *Sustainable Architecture: Principles, Paradigms, and Case Studies*, McGraw-Hill, New York

Suzuki, S, Borden, R and Hens, L (eds) (1991) *Human Ecology-Coming of Age: An International Overview*, VUB Press, Brussels

Tainter, J (1990) *Collapse of Complex Societies*, Cambridge University Press, Cambridge

Trefil, J (1994) *A Scientist in the City*, Doubleday, New York

Troxel, J (1994) *Participation Works: Business Examples from Around the World*, Miles Rivers Press, Alexandria, Virginia

United Nations Development Programme, United Nations Environment Programme, World Bank and World Resources Institute (2000) *People and Ecosystems: The Fraying Web of Life*, Elsevier, New York

Van der Ryan, S and Cowan, S (1996) *Ecological Design*, Island Press, Washington, DC

Watt, K (1973) *Principles of Environmental Science*, McGraw-Hill, New York

Watt, K (2000) *Encyclopedia of Human Ecology: New Approaches to Understanding Societal Problems*, Academic Press, New York

Wenn, D (1996) *Deep Design: Pathways to a Livable Future*, Island Press, Washington, DC

Wilson, E (2000) *Sociobiology: The New Synthesis*, Harvard University Press, Cambridge

Weeks, W (1997) *Beyond the Ark: Tools for an Ecosystem Approach to Conservation*, Island Press, Washington, DC

World Commission on Environment and Development (1987) *Our Common Future*, Oxford Paperbacks, Oxford

World Resources Institute (1997) *Frontiers of Sustainability*, Island Press, Washington, DC

*Yes! A Journal for Positive Futures*, PO Box 10818, Bainbridge Island, Washington 98110, USA

227

## 登革出血热、蚊子和桡足类动物

Brown, M, Kay, B and Hendrix, J (1991) 'Evaluation of Australian Mesocyclops (Copepoda: Cyclopoida) for mosquito control', *Journal of Medical Entomology*, vol 28, pp. 618-623

Christophers, S (1960) Aedes Aegypti (L.). *The Yellow Fever Mosquito: Its Life History, Bionomics and Structure*, Cambridge University Press, Cambridge

Focks, D, Haile, D, Daniels, E and Mount, G (1993) 'Dynamic life table model for *Aedes aegypti* (Diptera: Culicideae): analysis of the literal and model development', *Journal of Medical Entomology*, vol 30, pp.1003-1017

Halstead, S (1997) 'Epidemiology of dengue and dengue hemorrhagic fever' in Cubler, D and Kuno, G (eds) *Dengue and Dengue Hemorrhagic Fever*, CAB International, New York

Halstead, S (1998) 'Dengue and dengue hemorrhagic fever' in Feigin, R and Cherry, J (eds) *Textbook of Pediatric Infectious Diseases*, W B Sanders, Philadelphia

Halstead, S and Gomez-Dantes, H (eds) (1992) *Dengue—a worldwide problem, a common strategy, Proceedings of an International Conference on Denfue and Aedes aegypti Community-based Control*, Mexican Ministry of Health and Rockefeller Foundation, Mexico

Marten, G (1984) 'Impact of the copepod Mesocyclops leuckarti pilosa and the green alga *Kirchneriella irregularis* upon larval *Aedes albopictus* (Diptera: Culicidae)', *Bulletin of the Society for Vector Ecology*, vol 9, pp. 1-5

Marten, G, Astaeza, R, Suarez, M, Monje, C and Reid, J (1989) 'Natural control of larval *Anopheles albimanus* (Diptera: Culicidae) by the predator *Mesocyclops* (Copepoda: Cyclopoida)', *Journal of Medical Entomology*, vol 26, pp.624-627

Marten, G (1990) 'Evaluation of cyclopoid copepods for Aedes albopictus control in tires', *Journal of American Mosquito Control Association*, vol 6, pp.681-688

Marten, G (1990) 'Elimination of Aedes albopictus from tire piles by introducing *Macrocyclops albidus* (Copepoda, Cyclopoida)', *Journal of American Mosquito Control Association*, vol 6, pp.689-693

Marten, G, Bordes, E and Nguyen, M (1994) 'Use of cyclopoid copepods for mosquito control', *Hydrobiologia*, vol 292/293, pp.491-496

Marten, G, Borjas, G, Cush, M, Fernandez, E, and Reid, J (1994) 'Control of larval Ae. aegypti (Diptera: Culicidae) by cyclopoid copepods in peridomestic breeding containers', *Journal of Medical Entomology*, vol 31, pp.36-44

Marten, G, Thompson, G, Nguyen, M and Bordes, E (1997) *Copepod Production and Application for Mosquito Control*, New Orleans Mosquito Control Board, New Orleans, Louisiana

Riviere, F and Thirel, R (1981) 'La predation du copepods *Mesocyclops* 228 *leuckarti pilosa* sur les larves de *Aedes* (*Stegomyia*) *aegypti* et *Ae.* (*St.*) *polynesiensis essais* preliminaires d'utilization comme de 1utte biologique', *Entomophaga*, vol 26, pp.427-439

Nam, V Yen, N, Kay, B, Marten, G and Reid, J (1998) 'Eradication of *Aedes aegypti* from a village in Vietnam, using copepods and community participation', *American Journal of Tropical Medicine and Hygiene*, vol 59, pp. 657-660

Soper, F Wilson, D, Lima, S and Antunes W (1943) *The Organization of Permanent Nation-wide anti-Aedes aegypti Measures in Brazil*, The Rockefeller Foundation, New York

Suarez, M, Ayala, D, Nelson, M and Reid, J (1984) 'Hallazgo de *Mesocyclops aspericornis* (Daday) (Copepoda: Cyclopoida) depredador de larvas de *Aedes aegypti* en Anapoima-Colombia', *Biomedica*, vol 4, pp.74-76

## 巴拉塔利亚-泰勒博恩国家河口规划

BTNEP (1995) *Land Use and Socioeconomic Status and Trends in the Barataria-Terrebonne Estuarine System*, Barataria-Terrebonne National Estuary Program, Thibodaux, Louisiana

BTNEP (1995) *Saving Our Good Earth: A Call to Action. Barataria-Terrebonne estuarine system characterization report*, Barataria-Terrebonne National Estuary Program, Thibodaux, Louisiana

BTNEP (1995) *Status and Trends of Eutrophication, Pathogen Contamination, and Taxic Substances in the Barataria-Terrebonne Estuarine System*, Barataria-Terrebonne National Estuary Program, Thibodaux, Louisiana

BTNEP (1995) *Status and Trends of Hydrologic Modification, Reduction in Sediment Availability, and Habitat Loss/Modification in the Barataria-Terrebonne Estuarine System*, Barataria-Terrebonne National Estuary Program, Thibodaux, Louisiana

BTNEP (1995) *Status, Trends, and Probable Causes of Change in Living Resources in the Barataria-Terrebonne Estuarine System*, Barataria-Terrebonne National Estuary Program, Thibodaux, Louisiana

BTNEP (1996) *The Estuary Compact: A Public-Private Promise to Work Together to Save the Barataria and Terrebonne Basins*, Barataria-Terrebonne National Estuary Program, Thibodaux, Louisiana

Spencer, L (1989) *Winning through Participation*, Kendall/Hunt, Dubuque, Iowa

Watts, and Cheramie, K (1995) 'Rallying to save Louisiana wetlands' in Troxel, J (ed) *Government Works: Profiles of People Making a Difference*, Miles Rivers Press, Alexandria, Virginia

# 索　　引

229

（数字为英文原书页码，在本书中为边码）

*黑体标注的短语可以在前面的词汇表中查询。

234

236

（袁晓辉译校）

**图书在版编目(CIP)数据**

人类生态学:可持续发展的基本概念/(美)杰拉尔德·G. 马尔滕著;顾朝林等译. —北京:商务印书馆,2021(2022.4重印)
(汉译世界学术名著丛书)
ISBN 978-7-100-18837-1

Ⅰ.①人… Ⅱ.①杰…②顾… Ⅲ.①人类生态学 Ⅳ.①Q988

中国版本图书馆 CIP 数据核字(2020)第140860号



汉译世界学术名著丛书
人类生态学
——可持续发展的基本概念
〔英〕杰拉尔德·G. 马尔滕 著
顾朝林 等译

商 务 印 书 馆 出 版
(北京王府井大街36号 邮政编码100710)
商 务 印 书 馆 发 行
北 京 冠 中 印 刷 厂 印 刷
ISBN 978-7-100-18837-1

2021年4月第1版 开本 850×1168 1/32
2022年4月北京第2次印刷 印张 10⅝

定价:49.00元